LES RESSORTS-BATTANTS

DE

LA CHIROBALISTE D'HÉRON D'ALEXANDRIE,

D'APRÈS LES EXPÉRIENCES DE 1878

ET SUIVANT LA THÉORIE QUI EN A ÉTÉ DÉDUITE EN 1882.

PAR VICTOR PROU,

INGÉNIEUR CIVIL.

APPENDICE

AU MÉMOIRE SUR LA ΧΕΙΡΟΒΑΛΛΙΣΤΡΑ

INSÉRÉ, SOUS LES AUSPICES DE L'ACADÉMIE DES INSCRIPTIONS ET BELLES-LETTRES,

DANS LES *NOTICES ET EXTRAITS DES MANUSCRITS DE LA BIBLIOTHÈQUE NATIONALE*

(TOME XXVI, 2e PARTIE).

INTRODUCTION.

1. En accordant la publicité de ses *Recueils* à mes précédents Mémoires sur la Χειροβαλλίστρα[1 a] et sur les Αὐτοματοποιικά[2] d'Héron d'Alexandrie, l'Académie des Inscriptions et Belles-Lettres m'a honoré d'une confiance que j'ai à cœur de soutenir par de nouveaux efforts. Je viens donc déférer à sa haute appréciation la solution définitive que j'ai appliquée, en 1878, aux *Battants* de l'engin grec, organes mystérieux, dont seule la pratique pouvait mettre en lumière le délicat mécanisme. Dans ses moindres détails, la Chirobaliste s'y trouve désormais rétablie avec une rigueur mathématique. Pour la *Monture*, la *Batterie*, le *Portique* et les *Sommiers* d'acier flexible appelés καμ-βέστρια, mon précédent Mémoire contient toutes les preuves d'authenticité désirables. Mais les *Leviers balistiques* ou *Battants* de l'arme

[a] Voir les Notes en renvois numérotés à la fin du Mémoire.

IMPRIMERIE NATIONALE.

comportaient une structure toute particulière, aujourd'hui réalisée, et dont je démontrerai la justesse, au triple point de vue du texte original, de la loi fondamentale de la flexion des lames élastiques, jadis devinée par Philon de Byzance, et enfin des principes, désormais bien connus, de la Balistique gréco-romaine.

2. Grâce à l'initiative généreuse de M. Albert Piat, l'habile constructeur-mécanicien de Paris, un modèle en vraie grandeur de la Chirobaliste, en tout conforme aux indications de mon précédent Mémoire, figurait en 1878 à l'Exposition universelle. L'élégant ciseau de M. Sauvrézy, de qui le monde artistique déplore la fin récente, en avait sculpté sur bois les deux *mains symboliques*. Depuis, l'offre spontanée de M. Albert Piat a fait admettre ce modèle, à titre de cadeau, parmi tant d'autres machines de jet gréco-romaines, au Musée gallo-romain de Saint-Germain-en-Laye. Ses *Battants* sont formés, non plus de deux *broches arquées* médiocrement flexibles, comme les proposait ma théorie première, mais de deux *Faisceaux symétriques* de *minces* et *souples lames* d'acier trempé, jointives de champ, fléchies et étagées à l'instar des ressorts de suspension de nos voitures modernes. La flexion de ces *Battants*, ajoutée à celle des καμβέσ7ρια, contre lesquels leurs talons s'appuient avec force, a permis d'assurer à la corde archère la course totale exigée par l'épure balistique de l'arme. Dans le modèle exécuté, chaque *Battant* se compose de *six lames étagées;* mais, d'après la théorie de la flexion, *huit* lames fournissent la solution mathématique, qu'il sera toujours facile de réaliser sur place.

3. Je vais donc expliquer, dans le présent Appendice, cette structure définitive des *Battants* de l'engin d'Héron. En outre, j'avais complété mon étude générale sur la Χειροβαλλίσ7ρα par quelques considérations relatives à certains termes techniques du texte original, et par d'utiles rapprochements entre le *Module*, que j'ai découvert dans l'arbalète grecque, la Συμμετρία et le Κανών des sculpteurs antiques, dont je n'ai connu que récemment les indices conservés par l'histoire.

CHAPITRE PREMIER.

LES RESSORTS-BATTANTS DE LA ΧΕΙΡΟΒΑΛΛΙΣΤΡΑ.

§ I. — LONGUEUR, DIAMÈTRE ET POIDS DE LA FLÈCHE.

EXPOSÉ.

4. Dans mon premier Mémoire, j'ai rapporté aux Grecs l'honneur d'avoir, les premiers, découvert les véritables principes des lois de la *flexion des corps*. De Philon de Byzance, j'ai cité et traduit le curieux passage[3], où il montre une si exacte notion du jeu des fibres élastiques dans un solide fléchissant. J'ai ensuite rappelé, d'après le général Morin, la série des recherches modernes sur cette importante question, et constaté que dix-huit siècles avant les théories, aujourd'hui dépassées, de Galilée, de Mariotte et de Leibnitz, le célèbre ingénieur de Byzance avait conçu et réalisé la véritable solution du problème[4].

5. Avant de reconnaître à Héron d'Alexandrie un droit de priorité analogue, pour l'invention des *Leviers flexibles à lames jointives étagées*, je dois expliquer les menues modifications que leur application au battement de la Chirobaliste a exigées dans la structure de l'engin. Sa précision actuelle ne résulte pas seulement d'une étude plus approfondie de son épure; elle est partout conforme aux principes les mieux établis de la construction des machines de jet gréco-romaines. Les éléments définitifs du système seront justifiés par les articles suivants.

LONGUEUR DE LA FLÈCHE.

6. Le tracé antérieur attribuait à la flèche une longueur totale de 14 doigts = 4 modules[5], dont 12 doigts = 1 empan (σπιθαμή) pour

la longueur de la tige et $\frac{2}{3}$ de doigt pour son diamètre moyen. La longueur totale de la flèche doit être réduite à 12 doigts et son diamètre à $\frac{5}{6}$ de doigt. Quant à son poids total, évalué d'abord, et par conjecture seulement, à 6 drachmes[6], il doit être réduit à 2 drachmes $\frac{2}{3}$ (8 $\frac{2}{3}$ grammes), soit à 9 grammes en nombre rond.

7. En effet, les ingénieurs grecs ne déduisaient pas la *Longueur du Trait* du *Calibre* ou *Module* de l'arme; ils calculaient au contraire ce *module d'après la longueur du trait*. Celle-ci toujours était *multiple* ou *sous-multiple* de l'*empan* (σπιθαμή) ou de la *coudée* (πῆχυς), ces deux unités de mesure étant les seules appliquées au *Module balistique* dans les textes. Les Βελοποιικά d'Héron d'Alexandrie et de Philon de Byzance en offrent maint exemple, entre autres le suivant, où Héron formule la règle officielle[7] : Ὅσον ἂν μῆκος ἔχῃ ὁ μέλλων ἐξαποστέλλεσθαι οἰστός, τούτου τὸ ἔνατον ἔσται ἡ τοῦ τρήματος διάμετρος. Οἷον· ἢ τρίπηχυ τὸ βέλος, ὧν ἔνατον γίνεται δάκτυλοι ὀκτώ· τούτων ἔσται ἡ διάμετρος τοῦ τρήματος. — L'ellipse τρίπηχυ βέλος, ὧν ἔνατον γίνεται δάκτυλοι ὀκτώ montre bien que la *Longueur du Trait*, donnée *en coudées*, se transformait mentalement *en doigts*, pour exprimer le *Module*, dont le doigt était l'*Unité de mesure primitive*, car d'abord les engins furent *de petit calibre*.

8. Évidemment, la flèche de la Χειροβαλλίστρα, présumée de 14 doigts dans l'épure antérieure, a pour longueur celle des deux *unités* ci-dessus (*empan* ou *coudée*), qui diffère le moins de ces 14 doigts, c'est-à-dire l'*empan* = 12 doigts. L'engin était donc du type σπιθαμαῖον[8] ou σπιθαμιαῖον (s. e. ὀξυβελές), dont le *module*, dans le système *névrotone* primitif, et selon le précepte d'Héron, était égal *au neuvième* de 12 doigts, soit à $\frac{4}{3}$ de doigt[9].

9. Or, dans la Chirobaliste même, un curieux détail de la structure des pivots justifie à point cette hypothèse. Dans l'ancêtre *névrotone* de notre engin, on sait que le *Module* se mesurait au *diamètre du trou*

(τρήματος διάμετρος) des *Barillets cylindriques* (χοινικίδες), traversés par les *faisceaux de fibres tordues* (τόνοι)[10]. Or, à la place même de ces *barillets*, la Chirobaliste présente les *légères chapes de bronze* (κύλινδροι χαλκοῖ κοῦφοι) qui relient les *pivots* des battants aux *étriers* des καμ-βέστρια[11]; et l'auteur leur assigne pour *diamètre interne* (διάμετρον τοῦ εὔρους) les $\frac{4}{3}$ de doigt (δακτύλου Α καὶ γ′) déduits plus haut de *un Neuvième d'empan. Le souvenir du Modale primordial fut donc respecté dans cette dimension des Chapes* qui, *a priori*, peut sembler *arbitraire*, mais qui ne laisse aucun doute sur l'exacte mesure de l'*empan*, pour la *longueur totale du trait* de la Χειροβαλλίστρα.

DIAMÈTRE DE LA FLÈCHE.

10. Dans son intéressant Mémoire sur l'Artillerie des anciens et sur celle du moyen âge[12], le général Dufour, à défaut de donnée antique sur la *grosseur* des traits, la fixait à $\frac{1}{32}$ *de leur longueur*. « C'est, disait-il, la proportion ordinaire pour les flèches d'arbalète, dont nous avons encore une grande quantité; et j'admets que le fer soit, comme dans celles-ci, égal au poids du bois. » A ce point de vue, le trait de la Chirobaliste avait donc pour diamètre $\frac{12}{32}=\frac{3}{8}$ de doigt, soit, à raison de *19 millimètres par doigt* en nombre rond, $7\frac{1}{8}$ millimètres, et pour *longueur totale* 228 millimètres. Pratiquement, sa tige est un roseau de 8 millimètres de diamètre à l'arrière, de 11 doigts = 209 millimètres de longueur, laissant 1 doigt = 19 millimètres pour la saillie du *Dard métallique*, fixé par son goujon dans le tube du roseau, dont l'avant peut n'avoir que 6 ou 7 millimètres de grosseur.

POIDS DE LA FLÈCHE.

11. Quant au poids de la flèche, voici les raisons qui doivent le faire réduire de *six Drachmes* à *deux Drachmes*.

Le *module* des engins *névrotones* se calculait, on le sait, de *deux manières* différentes, suivant que le projectile à lancer était *sphérique* ou *aigu* :

1° Dans le premier cas (engin παλίντονον, *Baliste*, *Pierrier*), le *poids* P du *boulet de pierre* s'exprimait en *mines*[13], et le *module* M correspondant était, *en doigts*[14] :

$$M = \frac{11}{10}\sqrt[3]{100\,P} = 1.10\sqrt[3]{100\,P}.$$

2° Dans le second cas (engin εὐθύτονον, *Arbalète, Gastraphète, Catapulte*), la *longueur* L de la *tige du trait* s'exprimait *en doigts*, comme on l'a vu plus haut; et le *module* M *en doigts* était alors

$$M = \frac{1}{9}L.$$

12. Évidemment, cette double règle supposait, pour deux types de projectile *de même Module*, une *même Portée sous des poids égaux*, et par conséquent *une même vitesse initiale* sous un *angle de tir commun*. Cette vitesse, assez faible d'ailleurs, permettait par là même de considérer les projectiles, malgré la *différence* de leurs *sections transversales*, comme soumis à une *égale résistance de l'air*[15]. Les deux valeurs ci-dessus du *module* M, étant ainsi égalées, donnent la relation à observer entre le *poids* P *du projectile aigu* et *la longueur* L de sa *flèche*. On trouve alors

$$P = \frac{102}{10^7}L^3 = 0.0000102\,L^3,$$

où P doit être exprimé *en mines*, et L *en doigts*.

13. Pour la Chirobaliste, L = 12 doigts donne P = $0^{\text{mine}}.0176256$; soit, à raison de 100 drachmes par mine, P = $1^{\text{dr}}.76256$; et comme $1^{\text{dr}}.00$ vaut 4.363 *grammes*, la *flèche* de l'engin pèse $8\frac{3}{4}$ gr.; soit, en nombre rond, 9 grammes.

POINTE DE LA FLÈCHE.

14. La figure 1 donnée plus loin (n° 24) représente *en demi-grandeur* le trait de la Chirobaliste. Je lui avais supposé d'abord une pointe pyramidale[16], d'une exécution trop compliquée, et surtout d'une trop large section à la base. Le poids de la flèche étant désormais réduit

à 9 grammes, soit de *six drachmes à deux*, il n'est plus nécessaire de maintenir l'ancien rapport des *poids* entre la *tige* et la *pointe* métallique. Au contraire, plus la *pointe* est *lourde* par rapport à la *tige*, *plus absolue est la stabilité du trait* sur sa trajectoire dans l'air. Un bout de roseau, de 7 à 8 millimètres de diamètre, suffit presque, sans main-d'œuvre, à la fabrication de la tige. Les ailettes latérales, dont on armait la queue des traits de gros calibre, n'ont plus ici de raison d'être. Dans les projectiles cylindro-ogivaux de l'artillerie moderne, l'adjonction d'un cylindre tubulaire et allégé à la tête ogivale massive est le résultat d'une théorie rigoureuse qui détermine, pour chaque poids et calibre, la longueur du cylindre et la position du centre de gravité du projectile total. On le voit, l'idéal du projectile était déjà réalisé par l'humble flèche primitive.

15. En dernière analyse, la flèche de la χειροβαλλίσʇρα fut *le trait même du Scorpion*, ancêtre balistique de l'engin d'Héron, ainsi défini par Végèce : « Scorpiones dicebant quas nunc *manuballistas* vocant. . . ideo sic nuncupati, quod *parvis subtilibusque spiculis* mortem inferunt[17]. »

§ II. — *Battement de la corde par rapport au plan des pivots.*

FIXITÉ DES PIVOTS.

16. Les *Pivots* des *Battants*, *symétriques par rapport à l'axe du tir*, demeurent établis à $23\frac{1}{2}$ *doigts l'un de l'autre*, et à $1\frac{1}{4}$ doigt *en avant de l'axe* de l'échelette[18].

SYMÉTRIE DU BATTEMENT.

17. Dans l'épure antérieure, la *course* de la *Corde archère*, évaluée à $12\frac{1}{2}$ doigts[19], longueur supposée de la tige du trait, *n'était pas symétrique* par rapport au *plan des Pivots*. Elle commençait à $6\frac{5}{8}$ doigts *en arrière*, et finissait à $5\frac{7}{8}$ doigts *en avant* de ce plan[20]. Or, une *symétrie absolue*, par rapport au *plan des pivots*, s'observe dans le *battement balis-*

tique du *ϖαλίντονον*, type *névrotone* primordial de la *χειροβαλλίστρα*; et, dans la figure 9 de mon précédent Mémoire[21], le *Battant non armé* du *ϖαλίντονον* fait avec l'axe du tir l'angle ou *biais classique* α (de $\frac{1}{2}$ de base pour 1 de hauteur; soit, avec $\tan g\,\alpha = \frac{1}{2} = 0.50$, $\alpha = 26^\circ\, 34'$). En outre, d'après la figure 13 du même Mémoire[22], le *battant* a pour projection, sur le plan de tir, la *portion de la Course totale située en avant du plan des Pivots*. Et comme le *Battant, entre le centre du pivot* et son *extrémité libre*, mesure $R = 5$ modules de longueur droite[23], sa projection sur l'axe du tir est $R \cos \alpha = 5.00 \times 0.8944$, ou $R = 4.472$ modules; soit, en nombre rond, $R = 4\frac{1}{2}$ modules, *moitié* des 9 modules assignés par la figure 13 précitée à la *course totale* de *l'Embrasse* (*ζώνη*), ou *Corde-ceinture* balistique du *ϖαλίντονον*. *La symétrie du battement* de ce type, *par rapport au plan des pivots*, devait donc être *conservée* dans la *Chirobaliste*, où nous en avons démontré la réalisation pratique.

AMPLITUDE DU BATTEMENT DE LA CHIROBALISTE.

18. Dans un *engin à lancer des dards*, l'imitation de l'*arc à main* primitif faisait égaler la *course de la corde archère* ou *l'amplitude du battement* à la *longueur calculée pour le trait*. J'ai cité à ce sujet[24] le passage bien connu d'Ammien Marcellin : « Sagittarii divaricatis brachiis flexiles tendebant arcus, ut nervi mammas perstringerent dextras, spicula sinistris manibus cohærerent[25]. » Évidemment, dans l'*arc à main*, la *longueur totale* de la *flèche excédait un peu* celle du *battement*, la différence étant remplie par la *pointe métallique* (*spiculum*).

19. Dans la Chirobaliste, dont la flèche a *un empan* (*σπιθαμή*) de *longueur totale*, la *course* de la *corde archère* doit donc mesurer *moins de 12 doigts*. Si cette course est prise égale à $10\frac{1}{2}$ doigts = 3 *modules*, quantité en harmonie avec les autres proportions générales de l'arme, on obtient, pour la pointe de la flèche, une saillie de $1\frac{1}{4}$ doigt, à laquelle s'ajoute $\frac{1}{4}$ de doigt pour l'*encoche*, à l'arrière de la tige[26]. Mais

il faut démontrer que 3 *modules* $= 10\frac{1}{2}$ *doigts mesurent* en effet *la course totale de la corde.*

ÉPURE DU BATTEMENT.

20. Soit donc P le *pivot* du *Battant* de gauche (fig. I), établi à $23\frac{1}{2}$ doigts de son symétrique P′, soit à $11\frac{3}{4}$ doigts de l'axe XY du tiroir, et à $1\frac{1}{8}$ doigt *en avant de l'axe* de l'échelette, comme on l'a démontré au précédent Mémoire[27]. Soient PCC′P′ la *ligne* des pivots ou la *trace* de leur *plan vertical;* ZZ la *trace* du *plan médian* vertical de l'*Échelette,* ou des *centres d'ovale* des *καμβέστρια.* Soient enfin AB et A′B′ les *bords* du *Tiroir* central, tels que CC′ $= 2\frac{1}{2}$ doigts. Le *pivot* P se trouve ainsi à PC $=$ PO $-$ OC $= 11\frac{3}{4} - 1\frac{1}{4} = 10\frac{1}{2}$ doigts $=$ 3 *modules* du bord de gauche AB du tiroir. De même, son *symétrique* P′, non figuré sur l'épure actuelle, se trouve à 3 *modules du bord de droite* A′B′ *du Tiroir.*

21. Cela posé, à $5\frac{1}{4}$ doigts $= 1\frac{1}{2}$ module *en avant* et *en arrière* du plan PC des pivots, menons des parallèles DA et EB à ce plan, ainsi que DE parallèle à AB. La figure DEBA ainsi formée est un *Carré,* de $10\frac{1}{2}$ doigts $=$ 3 *modules* de côté, adjacent au flanc gauche du tiroir. Nous décrirons ailleurs, dans ce *Carré,* une application certaine de l'antique Κανών du sculpteur Polyclète[28]. Ici, bornons-nous à démontrer que les lignes DAA′D′ et EBB′E′, espacées de AB $= 10\frac{1}{2}$ doigts $=$ 3 *modules,* sont les *limites* authentiques du *Battement de la Corde.*

22. Par les diagonales DB et EA, le *grand carré* DABE se décompose en *quatre carrés égaux* DPLF, FLCA, PEJL et LJBC, et fournit en outre le *carré* PJCF, dont les *sommets* sont les *milieux* du *grand carré* DABE. Menant ensuite les diagonales PB — BF, symétriques par rapport à la principale BD, puis joignant P au milieu G de DF, on obtient PG perpendiculaire à PB. Cette droite fait d'ailleurs avec PD, ou avec l'axe du tir YX, l'*angle* DPG *du Biais antique* (car DG $= \frac{1}{2}$ PD), angle également formé par BP avec le plan des pivots (car BC $= \frac{1}{2}$ PC).

Le rôle de tous les *carrés* ci-dessus définis, dans l'épure du *Batte-*

ment balistique de l'arme, sera démontré conforme au principe du Κανών antique, dans la notice indiquée plus haut (note 28).

RAYON DE COURBURE DU BATTANT.

23. Il résulte de leur tracé que l'*Arc de cercle*, ayant pour *Centre* le *sommet* B du *grand Carré* DABE, et pour *Rayon* la *distance* R = BP du *point* B au *pivot* P, est *tangent* à la *diagonale* PG, et passe en F, *milieu* de DA, *côté antérieur* du *grand Carré*. Le point P étant le *centre* du *pivot* de gauche, l'arc PF est l'*axe circulaire moyen* du *Battant cherché* qui, dans l'engin désarmé représenté par la figure I, est *orienté*, par rapport à l'*axe de la Flèche*, suivant le *Biais antique* déjà rappelé, car $DG = \frac{1}{2}DP$.

STRUCTURE DÉFINITIVE DES BATTANTS.

24. Ainsi qu'on peut le constater dans mon précédent Mémoire (p. 148), j'avais d'abord formé chaque *Battant* d'une *Broche en acier*, ronde et courbée, mais légèrement effilée, dont l'axe moyen était analogue à l'arc PF ci-dessus. La *queue* de la *broche* était *rectiligne*, de *section carrée*, et elle s'engageait, suivant le texte grec, dans une *mortaise carrée* (σωλὴν τετράγωνος) *forée de part en part dans l'axe* (κατὰ μῆκος) du *Manchon conoïde* (κωνοειδές) constituant l'arrière ou le *Talon du battant*. Mais la *broche* effilée s'est trouvée trop rigide; je lui ai substitué un faisceau de *8 Lames minces d'acier trempé*, jointives de champ, courbées au rayon voulu et encastrées solidement dans la *mortaise* précitée. Cette solution sera plus loin justifiée par le témoignage même des manuscrits d'Héron. Déduisons-en d'abord les conséquences pratiques.

a. Le *Rayon Moyen* R = PB du *Battant* a pour longueur (fig. I) :

$$R = PB = \sqrt{PE^2 + EB^2};$$

soit, avec $EB = 10\frac{1}{2}$ doigts et $PE = \frac{1}{2}EB = 5\frac{1}{4}$ doigts, $R = 11^{d}.739$; en nombre rond, à moins de $\frac{1}{1000}$ près : $R = 11\frac{3}{4}$ doigts.

b. Le *Rayon Extérieur* $R_1 = BP_1$ devant différer peu de R, sa longueur est $R_1 = 12$ doigts = 1 empan, *longueur de la Flèche même*. L'évidence est ici absolue.

Échelle de 3mm = 1 doigt.
Avant de la course
Avant de l'échelette
Plan d'axe des pivots
Axe de l'échelette
Arrière de l'échelette
Arrière de la course
Corde = 13°
10 ½ = 3 mod.
D
G
F
A
A'
D'
L
S
N
C
C'
P'
Z
Z'
J
K
M
E
H
B
E'
Y
X
Figure I.

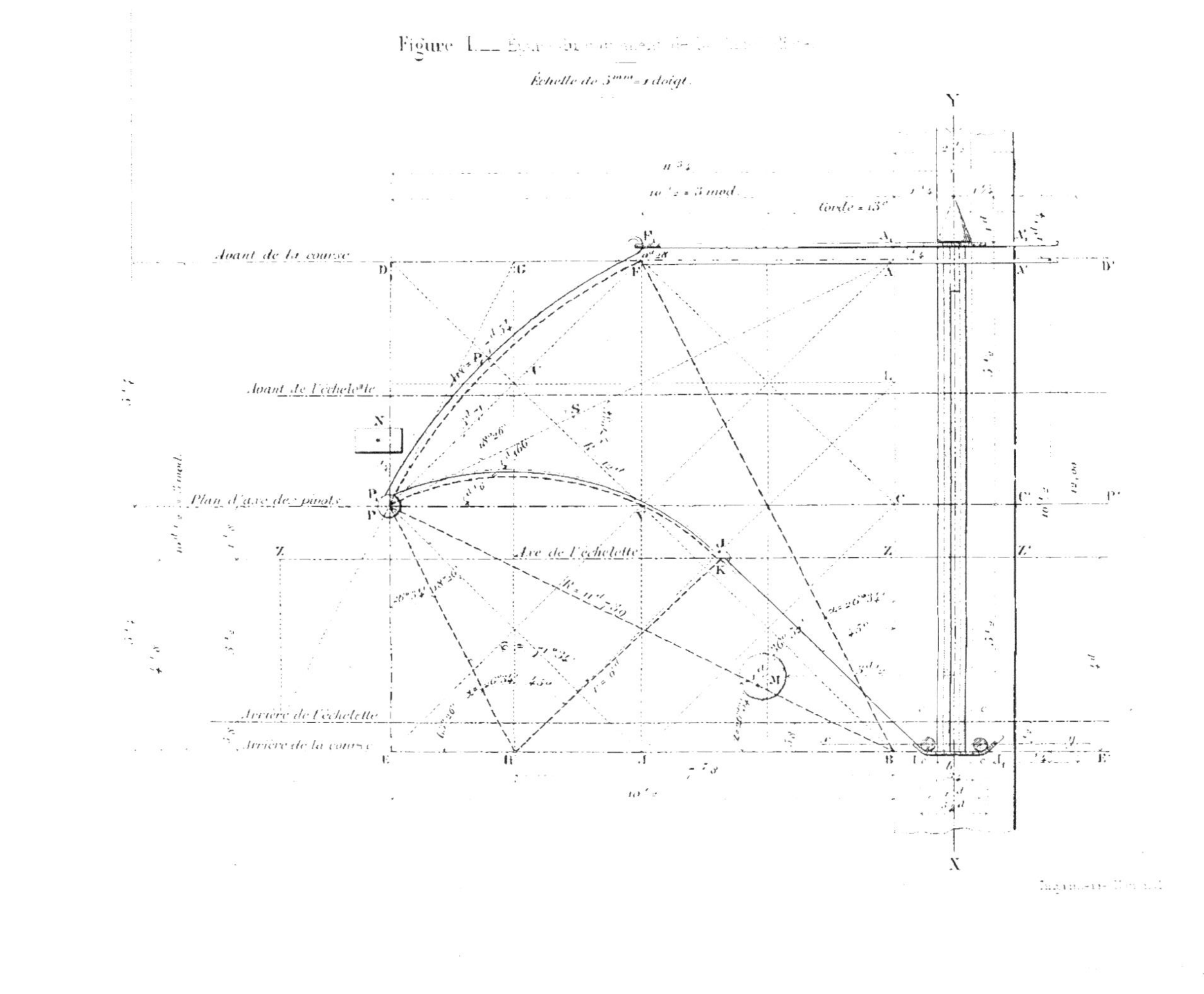

c. Il suit de là que le *Faisceau des Lames*, au droit du *pivot* P, avait pour *demi-épaisseur* $PP_1 = \frac{1}{4}$ *de doigt*, et pour *épaisseur totale* $\frac{1}{2}$ *doigt*. Telle était donc aussi la *largeur de la Mortaise d'encastrement* du faisceau; et comme $\frac{1}{2}$ doigt $= 9\frac{1}{2}$ millimètres, chacune des 8 *lames* mesurait $9\frac{1}{2}$ millimètres de *largeur*, et $\frac{1}{16}$ doigt $= \frac{9.50}{8} = 1^{mm}.167 = 1\frac{1}{6}$ millimètre d'*épaisseur*. On verra plus loin que l'expérience, d'accord avec la théorie, consacre le nombre de 8 lames.

d. Le *Rayon Externe* $R_1 = 12$ doigts, ayant pour effet de placer la *Maîtresse Lame* P_1F_1 *en avant* de l'*Arc Moyen* PF, l'extrémité libre F_1 de cette lame, ainsi que le *Crochet saillant* qui la termine, se trouve reportée de la quantité $FF_1 = \frac{7}{25}$ de doigt $= 0^d.28$ en avant de F, c'est-à-dire de la ligne DA, position limite théorique de la corde archère à l'abattu. En pratique, le crochet F_1 se ramène en F par une tension convenable de la corde archère à l'abattu, tension qui réduit à 13 doigts la *longueur de la Corde entre ses attaches*. En effet, cette longueur est égale à deux fois FA, soit à $2 \times 5\frac{1}{4} = 10\frac{1}{2}$ doigts, augmentés de la largeur $AA' = 2'\frac{1}{2}$ doigts du tiroir[29] : total $10\frac{1}{2} + 2\frac{1}{2} = 13$ doigts. La raideur ainsi imposée à la corde transforme en *coup de fouet*, sur la flèche au départ, la *force de flexion* du bras comprimé de F_1 en F. Pratiquement, la *flexion totale du Battant armé* n'en concourt pas moins à l'*impulsion balistique*, et la ligne DA demeure ainsi l'*extrémité finale du Battement*

e. La *Maîtresse Lame* P_1F_1, entre le *pivot* P et le *crochet* qui la termine, mesure 7.54 doigts de *longueur*. D'après le texte[30], la *saillie* du crochet est de $\frac{1}{2}$ doigt, δακτύλου τὸ ἥμισυ. On peut donc fixer à 8 doigts, en nombre rond, la *longueur* développée de la *maîtresse lame*, y compris son *Crochet*, *à partir de son entrée dans le Manchon d'encastrement*.

AUTHENTICITÉ DE LA STRUCTURE DES RESSORTS-BATTANTS.

25. Tout ce qui précède donne de la *vraisemblance* à notre hypothèse graphique sur la *structure des Battants*. Il faut en établir l'*authen-*

ticité, d'après Héron lui-même, puis *justifier l'orientation initiale* attribuée ci-dessus au *Battant* de gauche, en démontrant que *sa longueur* et *sa courbure*, combinées avec la *longueur de la Corde archère entre ses Crochets*, permettent de *bander* l'engin *jusqu'à la limite* EBB′, assignée au *Battement de la corde* à 5 $\frac{1}{4}$ *doigts en arrière du plan* des *pivots*, ou *de l'axe de l'échelette*.

LE CHAPITRE V DE LA Χειροβαλλίστρα.

26. Pour cela, reprenons le texte descriptif des *Battants*, qui forme le chapitre cinquième du traité d'Héron d'Alexandrie[31], et traduisons-le littéralement, avec l'aide des figures des manuscrits de Minas (Paris, *Suppl. gr.*, n° 607)[32], de Médicis (Paris, n° 2442) et de Paris (n° 2438, édité par Thévenot), figures dont la comparaison est ici d'une importance décisive, qui mérite qu'on les rappelle (fig. II) à l'attention du lecteur[33].

[Κωνοειδῶν καὶ Κανονίων κατασκευή.]

$\overline{\alpha}$. Πεποιήσθωσαν δὲ καὶ Κωνοειδῆ δύο, τὰ ΑΒΓΔ, ΕΖΗΘ, ἔχον ἑκάτερον τὸ μὲν μῆκος δακτύλων $\overline{\Gamma\Delta}$. Τὸ δὲ πάχος τῶν ΑΒ, ΕΖ κορυφῶν ἑκάστου κωνοειδοῦς ἐχέτω δακτύλου τὸ ἥμισυ, τὸ δὲ τῆς βάσεως πάχος ἑκάστου τῶν ΓΔ, ΗΘ δακτύλου ἑνός.

$\overline{\beta}$. Ἐχέτωσαν δὲ κατὰ μῆκος σωλῆνας τετραγώνους καὶ τόρμους ἐν ταῖς ΑΒ, ΕΖ κορυφαῖς, ὥστε κανονίων γενομένων συμφυῶν κρίκοις, ἁρμοστῶν τοῖς τόρμοις καὶ τοῖς σωλῆσιν, ἐκκομίζεσθαι ἐπὶ τῶν σωλήνων καὶ τῶν τόρμων ἐν τοῖς κωνοειδέσι γεγονότων.

$\overline{\gamma}$. Ἐστῶσαν δὲ τὰ μὲν κανόνια συμφυῆ τοῖς κρίκοις τὰ ΚΛΜΝ, ΞΟΠΡ, κρίκοι δὲ οἱ ΛΚ, ΞΡ· ἀνακαμπὰς δ' ἐχέτωσαν τὰ κανόνια πρὸς τοῖς πέρασι τὰς ΜΝ, ΠΡ, ὕψος ἐχούσας δακτύλου τὸ ἥμισυ.

[*Structure des talons conoïdes et des lames-ressorts.*]

§ *a*. Que l'on fasse encore deux [pièces] conoïdes, *abgd*, *ezhc*, ayant chacune 3 $\frac{1}{2}$ doigts de longueur. Que l'épaisseur des extrémités *ab*, *ez* de chaque conoïde ait $\frac{1}{2}$ doigt, et que l'épaisseur de la base de chacun d'eux, en *gd*, *hc*, ait 1 doigt.

§ *b*. Que ces pièces aient, dans leur axe longitudinal, des tubes carrés et des boutons [saillants] à leurs extrémités *ab*, *ez*, de sorte que des lamelles, liées en faisceau par des colliers et ajustées aux boutons et aux tubes, soient soutenues extérieurement par les tubes et par les pivots incorporés aux conoïdes.

§ *c*. Soient donc *klmn*, *xopr*, les lamelles liées par les colliers, et *kl*, *xr*, lesdits colliers. Près de leurs extrémités [libres], les lamelles seront munies de crochets courbés en dehors *mn*, *pr* d'un demi-doigt de saillie.

DÉTAILS EXPLICATIFS DU CHAPITRE V D'HÉRON.

27. Pour donner à la traduction qui précède toute la précision technique moderne, quelques explications de détail ne sont pas inutiles.

Figure II.

Κωνοειδῆ (ms. de Médicis), n° 2442 (Paris).

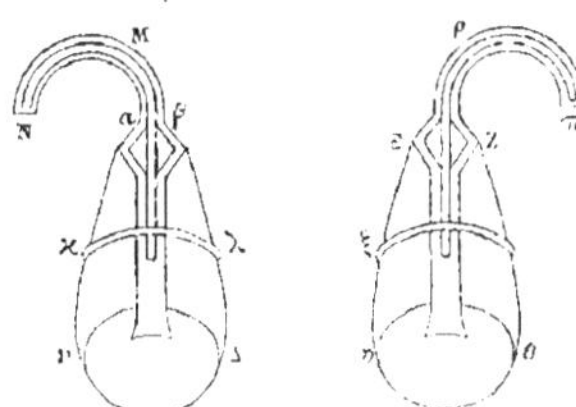

Κωνοειδῆ (Thévenot), ms. de Paris, n° 2438.

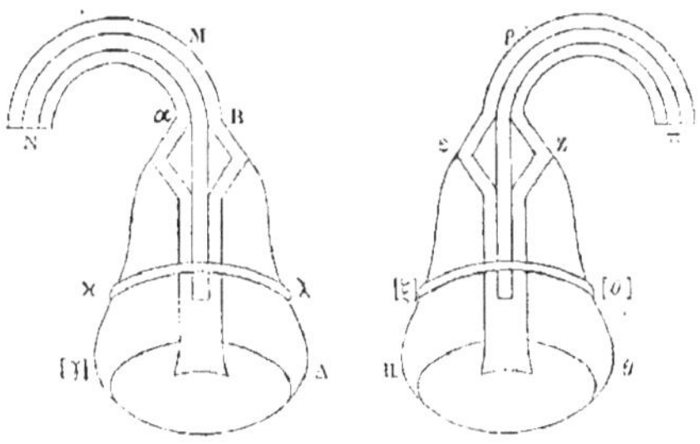

Κωνοειδῆ du ms. de Minas.

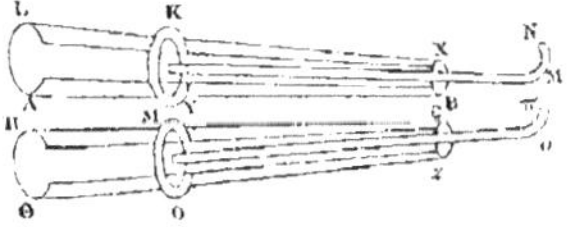

Les lettres entre crochets sont celles du ms. de Médicis (Paris, n° 2442).

§ *a*. Par les croquis des manuscrits de Paris 2442 et 2438, groupés dans la figure II qui précède, on voit que les *κωνοειδῆ*, de 3 $\frac{1}{4}$ doigts de longueur, sont des pièces conoïdes ressemblant à des *poires*, et renflées à la base sur 1 doigt d'épaisseur, et au sommet sur $\frac{1}{2}$ doigt seulement. Leur *Corps* géométrique est d'ailleurs un *Tronc de cône* (*κωνοειδές*, *variété du cône*); mais ces pièces sont *tubulaires*, forées d'un *Trou Carré* (*σωλὴν τετράγωνος*) ou *Mortaise*, où *s'encastre le faisceau des κανόνια*. Leur forme rappelle les *manches d'outils*, et permet de les appeler *Manchons*. Leur *base renflée* est un *Pommeau*, et leur *sommet* moins épais un *Collet*.

Quant aux diamètres transversaux du *pommeau* et du *collet*, le texte n'en dit rien; mais l'épure d'exécution donne 2 $\frac{1}{4}$ doigts pour le *pommeau* et 1 doigt pour le *collet* opposé.

§§ *b* et *c*. Les *mortaises carrées* (*σωλῆνες τετράγωνοι*) *forées dans l'axe des manchons* ne sont pas non plus cotées par le texte. Mais on a vu plus haut (n° 24, *c*) que ces *mortaises* mesurent $\frac{1}{2}$ *doigt de côté*, dimension strictement imposée par le *rayon de 12 doigts*, *reconnu authentique pour la Courbure extérieure du Ressort-Battant*.

28. Les *Boutons* (*τόρμοι*) attenant aux extrémités (*κορυφαῖς*) des *pommeaux* sont de simples *tourillons* ou *goujons cylindriques*, à bout arrondi, faisant corps avec les *collets* décrits plus haut, et constituant les *deux Pivots diamétraux* de chaque *Battant*. L'assemblage de ces *pivots* avec les *Chapes à crapaudines* des *καμβέστρια* est maintenu tel qu'il a été décrit dans mon premier Mémoire (p. 132).

29. Enfin, les *Lamelles* (*κανόνια*), dont la structure sera expliquée et le nom justifié plus loin (n° 30), forment dans chaque battant un *faisceau lié par des Anneaux* (*κανονίων γενομένων συμφυῶν κρίκοις*), qui ne sont autre chose que des *Viroles* à œil carré. Le texte semble en indiquer plusieurs sur chaque battant; mais le pluriel *κρίκοις* vient de ce que l'auteur *décrit ensemble les deux faisceaux de lames*. Chacun d'eux est lié par une seule *virole*, contiguë à l'entrée du *Manchon*, et

qui règle ainsi la *longueur d'encastrement des lames. Virole* et *Lames* peuvent être rivées ensemble, au moyen d'une *goupille* traversant à la fois la *virole* et le *faisceau,* au milieu de la largeur des lames. Cette armature permet d'ailleurs de fabriquer séparément chaque faisceau qui, d'une seule pièce, s'ajuste dans son manchon ou s'en sépare à volonté. Philon de Byzance atteste, en effet, que les ressorts de bronze de son engin *χαλκότονον,* de très peu antérieur à la *χειροβαλλίστρα,* s'enlevaient de la cage aux pivots, et se renfermaient dans un étui[34]. Dans la Chirobaliste, la structure délicate des *Ressorts-Battants* en acier, métal plus prompt à se rouiller que le bronze, exigeait certainement une précaution de ce genre. Mais les divers manuscrits, y compris celui de Minas, commettent un grossier contresens graphique, en plaçant le *κρίκος* de chaque battant *au milieu* et *sur la face extérieure* de son *Pommeau.*

30. Dans les paragraphes 2 et 3 du chapitre v, le mot *κανόνια* est le seul qui exige une interprétation spéciale, *quant au nombre des lamelles constitutives de chaque faisceau.* Leur pluralité ne peut se limiter *à deux par battant :* la *virole* (*κρίκος*) qui les unit en suppose davantage; et la phrase : *Ὥστε κανονίων γενομένων συμφυῶν κρίκοις, ἁρμοστῶν τοῖς τόρμοις καὶ τοῖς σωλῆσιν,* implique évidemment *deux Faisceaux,* formés d'*un certain nombre de κανόνια.* Les figures des manuscrits représentent d'ailleurs toujours deux battants. *Κανόνιον,* diminutif de *κανών,* qui se dit de toute pièce *équarrie* et *plus ou moins longue,* ne peut donc indiquer ici que des *lames minces,* de *largeur égale à celle de leur mortaise* d'encastrement, et d'*épaisseur égale à la fraction de leur largeur qui correspond à leur nombre.* Les *κανόνια* sont *en acier trempé et élastique,* comme les autres pièces des *καμβέστρια;* et ce métal était bien connu d'Héron d'Alexandrie, par l'éloge que Philon de Byzance nous a transmis de la souplesse des *épées en fer* (*sic*) des Celtes et des Ibériens (anciens Espagnols)[35].

31. Quant à la *multiplicité des lamelles dans chaque Battant,* les dessins des manuscrits, reproduits page 148 de mon précédent Mémoire

et plus haut figure II (n° 26), surtout ceux de la série byzantine, en confirment nettement l'hypothèse. Le manuscrit de Médicis révèle la *superposition* des lamelles par *quatre lignes équidistantes* qui, de prime abord, semblent figurer en perspective les *quatre arêtes* d'une tige prismatique, courbée et encastrée dans le manchon conoïde. Sans aucun doute, ces *arcs parallèles* figurent *plusieurs lamelles* distinctes, juxtaposées en faisceau, et de longueur en apparence identique[36]. La théorie ne s'oppose pas à *l'uniformité de la longueur* des lamelles, pourvu qu'elles soient *liées ensemble, près du crochet extrême du Battant*, par une *virole* analogue à celle qui les unit *près du manchon opposé*. Dans ce cas, chaque faisceau admettrait *deux viroles*, ce qui justifierait le pluriel *κρίκοις* du texte grec, en excluant toute probabilité d'étagement des lamelles, que les manuscrits représentent de longueurs égales. Mais cette égalité des *κανόνια*, en longueur, sinon en largeur et épaisseur, sans être exclue par la théorie, est moins favorable à la vivacité de leur détente, que leur *étagement par longueurs croissantes*, analogues à celui de nos *ressorts de voitures*. Des *κανόνια* de dimensions identiques fléchiraient suivant une courbe compliquée et ne répondraient pas aux exigences du refoulement de la corde; tandis que l'*Étagement des lamelles*, tel que je l'ai réalisé avec succès dans le modèle de la machine, maintient *circulaire la courbure des lamelles, à tous les degrés de la flexion du Battant*. En outre, leur *largeur se réduit graduellement*, entre le manchon et le crochet extrême; et les harmonies graphiques que la *flexion circulaire* du battant introduit dans l'épure balistique de l'arme prouvent qu'évidemment, dans l'engin construit par Héron d'Alexandrie, l'étagement des lamelles et la réduction graduelle de leur largeur assuraient aux battants la même *flexion circulaire*. Héron avait d'ailleurs sous les yeux l'analogie des *Catapultes* et des *Balistes*, dont les battants étaient *plus gros près des Pivots que vers la Corde Archère*, comme le prouvent les deux passages suivants de Vitruve[37] :

[Catapulte et Scorpion] : « Brachii longitudo IS foraminum VII; crassitudo ab radice foraminis FZ; in summo foraminis UZ. »

[Baliste] : « Brachii longitudo foraminum VI; crassitudo in radice foraminis. . . . . in extremis F. »

Quelles que soient les valeurs, encore indéchiffrées, qui se cachent sous les notations de Vitruve[38], il est certain que, dans les engins névrobalistiques, *les épaisseurs des Lames d'un Battant à ses extrémités* étaient *inégales*, la plus faible attenant à la corde, comme dans l'arc à main ordinaire. Cela suffit *a priori* pour justifier l'*étagement des lamelles*, dans les *Ressorts-Battants* de la Χειροβαλλίστρα, étagement qui sera complètement détaillé bientôt par notre théorie mathématique[39].

TRADUCTION DÉFINITIVE DU CHAPITRE V; STRUCTURE DES BATTANTS DE LA Χειροβαλλίστρα.

32. [§ *a*]. « On fabriquera aussi deux [*Manchons*] *conoïdes*, *abgd*, *ezhc*, ayant chacun $3\frac{1}{4}$ doigts de longueur. L'épaisseur des extrémités *ab*, *ez*, de ces *manchons* sera de $\frac{1}{2}$ doigt, et l'épaisseur de leurs *bases*, *gd*, *hc*, sera de 1 doigt.

[§ *b*]. « Les *manchons*, percés dans leur longueur de *mortaises* carrées, seront munis de *Pivots saillants* à leurs extrémités *ab*, *ez*; et ainsi des *Lamelles*, liées en *Faisceaux* par des *Viroles* et encastrées dans les *Mortaises* forées entre les *pivots*, seront soutenues extérieurement par ces *mortaises* et *pivots* annexés aux [*manchons*] *conoïdes*.

[§ *c*]. « Soient donc *klmn*, *xopr*, les *Lamelles* liées en *Faisceaux* par les *Viroles*, *kl* et *xr* étant ces viroles. Près de leurs extrémités, les *Lamelles* auront des *Crochets arrondis mn*, *pr*, dont la *saillie sera de* $\frac{1}{2}$ doigt[40]. »

POSITION ET COURBURE DES RESSORTS-BATTANTS DANS L'ENGIN ARMÉ.

33. L'épure de l'engin désarmé ayant fait connaître la structure véritable des *ressorts-battants* de la Chirobaliste, confirmée par les figures des manuscrits et par une interprétation plus approfondie du texte, a montré que *la Corde archère, à l'abattu, s'arrête à* $5\frac{1}{4}$ *doigts* $= 1\frac{1}{3}$ *Module en avant des pivots* (suivant DA, fig. I, n° 24). Il reste à

déterminer de même, *dans l'engin armé*, la *position* et la *courbure de chaque Battant*, lorsque le *milieu de la Corde archère*, refoulé par le recul du tiroir, *vient s'arrêter en* BB', *à* 5 $\frac{1}{4}$ *doigts* = 1 $\frac{1}{2}$ *Module en arrière du plan des pivots*, de manière à fournir la *course normale* BA = 10 $\frac{1}{2}$ doigts = 3 *modules*, déterminée plus haut (n°s 16 à 22), et *symétrique par rapport au plan des pivots*. Pour cela, il faut que les *longueurs des battants* flexibles, *en avant des pivots*, *ajoutées à celle de la corde entre ses crochets*, *présentent* le *périmètre total nécessaire à la déformation* que subissent la *corde* et les *battants*, *mis au bandé en* BB'.

34. Dans ces conditions, la corde s'arrète amarrée en BB', à Bh = $\frac{5}{8}$ doigt *en arrière de* l'*Échelette* (fig. I); et si l'on admet $\frac{1}{4}$ doigt de *profondeur* pour l'*Encoche postérieure* de la Flèche, la *queue b* de celle-ci se trouve placée *à* $\frac{7}{8}$ *doigt du bord postérieur de l'échelette*, soit à (5 $\frac{1}{4}$ + $\frac{1}{4}$) = 5 $\frac{1}{2}$ doigts en arrière *du plan des pivots*; et comme la *longueur totale* de la *flèche* est de 12 doigts (n° 9), sa *pointe* est à 6 $\frac{1}{2}$ doigts *en avant du même plan*. Si l'on donne à la pointe conique en métal 1 doigt de longueur (n° 10), différence entre 6 $\frac{1}{2}$ et 5 $\frac{1}{2}$, on voit que la *tige proprement dite* s'étend à (6 $\frac{1}{2}$ − 1) = 5 $\frac{1}{2}$ doigts *en avant du plan des pivots*, *quantité égale à la distance de sa queue b en arrière du même plan*. La *tige de la flèche* devient donc ainsi, *comme la course même de la corde*, *symétrique par rapport au plan des pivots*.

35. Cela posé, l'orientation du *battant infléchi* et de la *corde armée* dépend :

α. *De la position de la Griffe-Bascule* (πιτ7άριον), qui retient la corde amarrée au droit de BB';

β. *De la position du pivot* P, que la compression des καμβέσ7ρια par le *Pommeau* ou *Talon* du battant armé fait reculer d'une petite quantité, mesurable seulement par expérience, car elle dépend uniquement de la souplesse plus ou moins grande des καμβέσ7ρια. Cependant l'épure la détermine avec une approximation suffisante, comme on le verra ci-après.

GRIFFE-BASCULE.

36. Les perfectionnements apportés au battement de la Chirobaliste, par les justes proportions établies plus haut entre le rayon de courbure moyen des battants, la longueur et la course de la corde archère, la longueur et le poids de la flèche, ont exigé un déplacement sensible de la griffe-bascule de la batterie et, par suite, un allongement équivalent au corps du δραχόντιον. Il a fallu en outre, pour la commodité du battement, remplacer les colonnettes cylindriques voisines des pivots par des pilastres méplats de largeur équivalente. Il est utile de rendre compte de ces améliorations secondaires.

Dans ma première étude, les *Tourillons* horizontaux autour desquels pivote le πιτλάριον, ainsi que le corps de cette petite bascule, ont reçu $\frac{1}{2}$ doigt de diamètre, proportion en harmonie avec les dimensions générales de l'arme, et qui établit les *Tourillons* à $\frac{1}{4}$ doigt *en avant de la corde.*

Dans notre bascule définitive, ce diamètre est réduit à $\frac{1}{4}$ doigt. En effet, la *corde armée s'arrêtant à $\frac{5}{8}$ doigt en arrière de l'Échelette*, et l'*axe de la bascule* étant situé *à $\frac{1}{2}$ doigt en arrière de l'échelette*, la demi-épaisseur de la griffe d'amarre est de $\frac{5}{8} - \frac{1}{2} = \frac{1}{8}$ doigt, et ainsi son diamètre doit être de $\frac{1}{4}$ doigt. De la sorte, les deux ongles de la griffe mesurent, *de dehors en dehors*, $1\frac{1}{4} = \frac{5}{4}$ doigt d'espacement et, *de dedans en dedans*, $\frac{3}{4}$ doigt.

La figure 1 montre que l'axe xy du pivotement de la bascule et la trace horizontale cc du plan de pivotement de chaque griffe se coupent mutuellement à $\frac{1}{2}$ doigt de l'axe du tiroir et de l'arrière de l'échelette. En outre, l'axe xy du pivotement est à 4 doigts de l'axe de l'échelette.

37. *Corde archère au bandé.* — Dans l'engin *armé*, les deux *brins obliques* de la *corde* archère font visiblement un angle de 45° avec le *bord* AB du *tiroir.* Si donc on les oriente sur l'épure (fig. 1, n° 24), suivant cette hypothèse, on peut en déduire *la position exacte* des cro-

chets d'attache de la corde au bandé avec les Battants. La *longueur* totale de la *Corde, entre ces crochets*, est de 13 doigts (n° 24, *d*); et il semble résulter de l'épure que le *crochet* du *Battant armé* tombe en K, *sur l'axe même de l'échelette*. Vérifions-le par le calcul.

38. La portion de la corde amarrée derrière les griffes de la bascule mesure $\frac{5}{4}$ doigt de longueur (n° 36), *distance des Griffes de dehors en dehors*. Il reste donc $KI = \frac{1}{2}(13 - \frac{5}{4}) = \frac{1}{2}(11\frac{3}{4}) = 5.875 = 5\frac{7}{8}$ doigts, pour la *longueur de chaque brin oblique*. Or, si le brin oblique se termine en K *sur l'axe de l'échelette*, sa projection BZ sur le bord du tiroir donne $BZ = KI \times \frac{\sqrt{2}}{2}$, à cause de l'angle de 45°. Il vient donc

$$BZ = 5\frac{7}{8}^{d} \times 0.707 = 5^{d}.875 \times 0.707 = 4^{d}.524 = 4\frac{1}{2} \text{ doigts,}$$

tandis que la valeur réelle de BZ est $BZ = 3^{d}\frac{1}{2} + \frac{5}{8} = 4\frac{1}{8}$ doigts. L'extrémité K du brin oblique doit donc se trouver *en avant* de l'axe ZZ de l'échelette, d'une quantité égale à $(4\frac{1}{2} - 4\frac{1}{8}) \times 0.707 = \frac{3}{8} \times 0.707 = \frac{1}{4}$ doigt. Elle tombe ainsi en J, intersection du brin avec la diagonale HL de l'épure, à la distance HJ = 6 doigts de l'extrémité H de cette diagonale, dont la longueur est seulement de $11^{d}\frac{1}{7}$ environ.

39. *Rayon de courbure du Battant armé*. D'un autre côté, la diagonale HP a pour longueur

$$HP = \sqrt{PE^2 + EH^2} = \sqrt{(5\frac{1}{4})^2 + (2\frac{3}{8})^2} = 5^{d}.86 = 5\frac{7}{8} \text{ doigts.}$$

La demi-épaisseur du faisceau étant $PP_1 = \frac{1}{4}$ doigt au droit du pivot P, on a $HP_1 = 5\frac{7}{8} + \frac{2}{8} = 6\frac{1}{8}$ doigts. Le point H ne peut donc être le *Centre de l'arc fléchi* P_1J, de rayon HJ = 6 doigts, que si l'on suppose la naissance P_1 de cet arc rapprochée de H, de $\frac{1}{8}$ doigt $= 2^{mm}.375$, ou bien le point P_1 *entraîné en arrière* de la quantité $\frac{1}{8}$ doigt $\times \cos 26° 34'$ $= \frac{1}{8} \times 0.8944 = 0^{d}.1118 = 2^{mm}\frac{1}{8}$.

Or, ce *recul du pivot* se produit toujours dans la mise au bandé de la corde, grâce à l'*élasticité des Étriers* minces *qui relient les pivots* des battants *aux cadres* des χαμβέσϊρια. En outre, la compression des gorges des *καμβέσ7ρια* par les *talons* des battants fait pivoter l'axe de chaque *manchon conoïde*, en augmentant son angle avec l'axe du tir. Cet angle, égal à DPG dans l'engin désarmé, devient DPA par la mise au bandé. Et comme DPG et APC sont égaux au *biais* antique *de* $\frac{1}{2}$ pour 1, on voit que l'axe du manchon forme deux angles extrêmes égaux à ce biais : 1° avec l'axe du tiroir (engin désarmé); 2° avec l'axe de l'échelette (engin mis au bandé).

On peut donc conclure, de l'analyse qui précède, que le battant armé, courbé à $r=6$ doigts de rayon, *moitié de son rayon à l'abattu*, a pour centre le point H. On verra plus loin que cette flexion circulaire du *faisceau* peut toujours être assurée par *un étagement convenable des lamelles*.

ANGLE AU CENTRE DU BATTANT ARMÉ.

40. Le *Rayon* du *Battant armé* étant *moitié* de son *rayon à l'abattu*, son angle au centre en H est le double de l'angle au centre en B, soit de $\phi = 2\times 36°52' = 73°44'$. Or, d'après l'épure, l'angle au centre en $H = 26°34' + 45° = 71°34'$. L'extrémité J de l'arc fléchi tombe donc *en dehors* de l'angle au centre H, de la quantité $(73°44' - 71°34') = 2°10' = 0^d.227$, soit de $\frac{1}{4}$ doigt environ[1], quantité qui, pratiquement, fait coïncider l'extrémité J (ou le crochet) de la maîtresse lame avec le point K de l'axe ZZ de l'échelette.

RÉSUMÉ DE L'ÉPURE DU BATTEMENT DÉFINITIF.

41. Il résulte de notre épure (fig. I) que les *positions extrêmes* de la *Corde*, des *Battants* et des *Pivots* correspondent à un *réseau* de *lignes* et de *points*, compris dans le *carré principal* ABED, subdivisé lui-même en 8 *Carrés secondaires*, avec leurs diagonales. Ce quadrillage met en relief les faits suivants :

a. La *course totale de la Corde archère* est de $10\frac{1}{2}$ doigts ou 3 *modules, symétriques par rapport au plan des pivots*.

b. Le *rayon extérieur* de la *maîtresse lame désarmée* est de 12 doigts

= 1 *Empan, longueur totale de la flèche*, et son *centre* B se trouve *sur le bord* adjacent du *tiroir* (au sommet B du carré ABED) à $\frac{5}{7}$ doigt *en arrière de l'échelette.*

c. La *corde abattue* mesure 13 doigts *entre ses crochets* et, sous cette longueur, elle force la *Maîtresse Lame*, courbée suivant P_1F_1 à l'abattu, *à fléchir* de F_1 en F, de manière à *limiter sa course* à la ligne FAA'F', à $5\frac{1}{4}$ doigts = $1\frac{1}{4}$ *module en avant du plan des pivots* PCC'P'

d. Le *rayon* de la *maîtresse lame armée* est de 6 doigts = 1 empan, *moitié* de son rayon *à l'abattu.* Son *centre* H est à $\frac{5}{8}$ doigt *en arrière de l'échelette*, et à $7\frac{3}{8}$ doigts du *centre* B, *sur la même parallèle* EB *à l'axe de l'échelette.*

e. Les *centres* des deux *griffes* d'amarre de la corde armée sont *symétriques* entre eux, à $\frac{1}{2}$ doigt de l'axe du tiroir et de l'arrière de l'échelette.

f. Dans l'engin *armé*, l'*extrémité* ou *crochet* de la *maîtresse lame* P_1K tombe en K, *sur l'axe de l'échelette*, et la *corde armée* KI fait l'*angle de* 45° avec l'*axe* du *tiroir*. Chaque *brin oblique* KI = $5\frac{5}{6}$ doigts. La portion de *corde amarrée en arrière des griffes du tiroir* mesure, coudes compris, $1\frac{1}{3}$ doigt. La corde armée a ainsi pour longueur totale

$$5\tfrac{5}{6}+5\tfrac{5}{6}+1\tfrac{2}{6}=13 \text{ doigts},$$

quantité égale à sa longueur à l'abattu. L'expérience a montré que l'allongement de la corde est nul, dans les limites de l'effort de traction à bras d'homme qui lui est appliqué.

g. Enfin, la flèche de 1 *empan* (σπιθαμή) = 12 doigts, posée sur le tiroir et prête à partir, a sa tige symétrique par rapport au plan des pivots; autrement dit, ce plan divise la tige en deux parties égales.

Telles sont les remarquables coïncidences graphiques de notre épure définitive du battement de la χειροβαλλίστρα (fig. I). Nous en montrerons, dans la Notice annoncée plus haut, note (28), les rapports avec le procédé connu sous le nom de Κανών antique.

§ III. — *Modifications secondaires du bâtis et de la batterie de la chirobaliste.*

COLONNETTES DU PORTIQUE.

42. Les figures 25 et 26 de mon premier Mémoire déterminent, d'après le texte et les dessins des manuscrits, la position des quatre σἰυλάρια de la *Cage* ou *Portique* de l'engin : « Leur hauteur est de 10 doigts sans compter les tenons, et leur largeur est de 1 doigt : ἔχοντα τὸ μῆκος, χωρὶς τῶν τόρμων, δακτύλους Ī, τὸ δὲ πλάτος δάκτυλον ἕνα[42]. » J'y avais d'abord vu des *colonnettes cylindriques;* mais l'expérience a modifié en partie cette hypothèse. L'installation des καμβέσῖρια et des *Ressorts-Battants* a montré, en effet, que si les σἰυλάρια, établis sur l'avant du portique, sont des tiges cylindriques, ces colonnettes gênent la détente des bras, qui viennent battre avec force contre leurs fûts, privant ainsi la flèche d'une notable portion de force vive. Considérant alors que σἰυλάριον, diminutif de σἶῦλος, n'implique pas nécessairement la forme *ronde* et que, si les quatre supports de ce nom étaient cylindriques, Héron en indiquerait la grosseur par διάμετρος, au lieu de πλάτος, qu'il applique habituellement à la *largeur d'une surface plane et pleine*[43], j'ai donné aux deux σἰυλάρια d'avant-corps la *forme méplate* de *pilastres*, de 1 doigt de largeur (πλάτος) parallèle au portique, *en réduisant* à $\frac{1}{2}$ *doigt leur épaisseur par rapport au tiroir.* Le battement a ainsi recouvré son amplitude normale. La figure I montre en N la coupe horizontale d'un de ces *pilastres*, dont l'axe vertical est à 12 doigts de l'axe du tiroir.

Quant aux deux σἰυλάρια d'arrière-corps, la forme cylindrique ajoute à l'élégance du portique, soutenu par ces colonnettes situées d'ailleurs, comme on le voit par la coupe M (fig. I), en dehors du champ de battement de la corde[44]. Enfin, *pilastres* et *colonnettes* sont assemblés avec l'*échelette* et avec le *toit* du portique, au moyen d'appendices en forme de tourillons cylindriques, encastrés et clavetés dans ces deux pièces principales.

BATTERIE DÉFINITIVE.

43. Les figures 22 (p. 124) et 43 (p. 186) de mon premier Mémoire montrent la batterie de l'engin d'Héron appropriée, d'après le texte et les dessins des manuscrits, à l'amplitude du battement, tel que je le concevais alors. J'évaluais à $12\frac{1}{2}$ doigts la course de la corde, et je l'arrêtais en arrière à $6\frac{5}{8}$ doigts du plan des pivots[45], soit à $3\frac{1}{8}$ doigts en arrière de l'échelette. L'axe de la griffe-bascule était ainsi établi à 3 doigts de l'échelette, et le ϖιστλάριον complet occupait, sur le tiroir, une longueur totale de $4\frac{1}{2}$ doigts, comme l'indiquent les figures 22 et 43 précitées.

44. Le battement définitif place le pivot de la bascule (fig. I) à $\frac{1}{2}$ doigt, et la corde tendue entre les griffes à $\frac{5}{8}$ doigt seulement de l'échelette. La structure de la bascule se trouve donc modifiée; mais le ϖιστλάριον conserve sa longueur totale de $4\frac{1}{2}$ doigts, sous la forme d'une pièce en U (ou II renversé), représentée par les figures 22 et 43 (*Mém. cité*, p. 124 et 186), et marquée αβγδ (fig. 43), dont la traverse βγ est à l'avant de la bascule et arase l'arrière-bord de l'échelette. Dans la batterie définitive, la traverse βγ est placée à l'arrière du ϖιστλάριον. Il en résulte un allongement de l'avant-corps du δρακόντιον, pièce de calage de la bascule armée. Mais cette modification est très plausible; car le texte n'indique, pour le *serpenteau*, que la position de son pivot vertical, à 4 doigts en avant du bec de la gâchette (σχαστηρία)[46], et la forme sinueuse du δρακόντιον ne permettait guère à Héron d'en indiquer la longueur précise.

La figure III ci-contre représente la batterie définitive de la Chirobaliste.

Figure III

D
G
F
F'
G'
D'
A
A'
Avant
de
L
L'
l'échelette
Pivot
P
P'
Pivot
C
C'
V
V'
Z
Z'
Ire
de
l'échelette
K
K'
Flanc de l'échelette
Arrière
de
l'échelette
E
H
J
B
I
I'
B'
J'
H'
E'

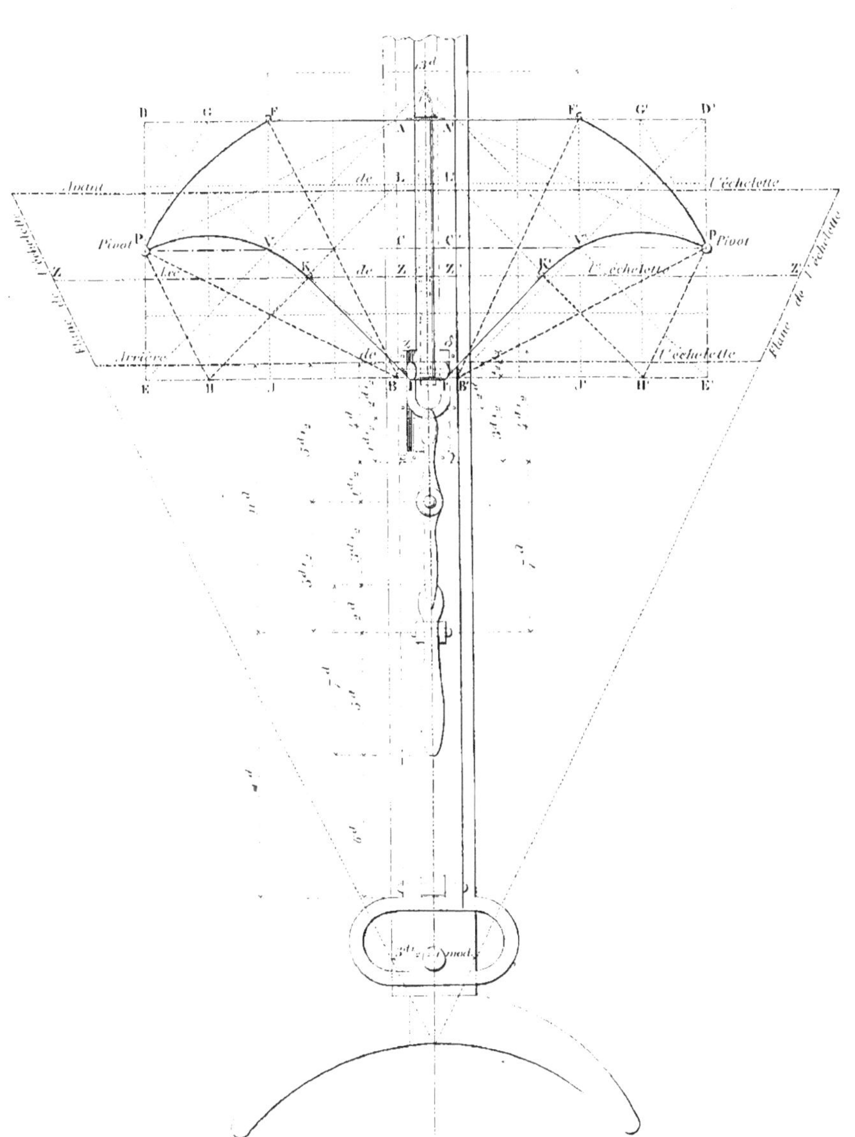

CHAPITRE SECOND.

PUISSANCE BALISTIQUE DES RESSORTS-BATTANTS DE LA ΧΕΙΡΟΒΑΛΛΙΣΤΡΑ.

§ I. — *ÉTAGEMENT ET FLEXION CIRCULAIRE DES FAISCEAUX.*

PRINCIPES DE LA FLEXION DES SOLIDES ÉLASTIQUES.

45. Les détails donnés plus haut sur la structure et sur le mode de fonctionnement des *Ressorts-Battants* de la Chirobaliste ont laissé à résoudre le problème de l'*Étagement* que doivent avoir les *lamelles* de chaque battant, pour lui assurer une *flexion circulaire*. Cet *étagement* dépend d'ailleurs du *nombre des lames*, que nous avons fixé à *huit* par faisceau, mais *qui doit résulter d'une recherche mathématique*. Au fond, celle-ci n'est qu'un *cas particulier* de la *Théorie générale de la Flexion des corps*, dont nous allons rappeler sommairement les principes.

1° Une *tige prismatique verticale*, en métal ou en bois, de section transversale ω et de longueur L, étant fixée par le haut et sollicitée par une force F, appliquée à son extrémité inférieure, s'allonge d'une quantité λ qui, par unité de longueur, détermine le rapport $i = \frac{\lambda}{L}$, ainsi que la relation $F = E\omega i$, dans laquelle E est, pour chaque substance, un coefficient fixe. Pour l'acier, et à la limite d'élasticité de ce métal, on a $E = 2 \times 10^{10}$, ou $E = 2 \times 10^4 = 20{,}000$, selon que l'*unité* de longueur appliquée à L et à λ est le *mètre* ou le *millimètre*. Pour chaque substance, la valeur de E se détermine par l'expérience.

2° Si le même prisme, *au lieu d'être vertical*, est *horizontal et encastré par une extrémité*, de manière que ses *quatre faces longitudinales* soient, deux à deux, *horizontales et verticales*, la force F, appliquée *à l'extrémité libre* du solide, *le fera fléchir en tous ses points jusqu'au droit de l'encastrement*, où il prendra un *rayon de courbure* ρ, qui dépend du

Moment M de la *Puissance* F, et aussi du *Moment* I *de l'Inertie* du solide. La relation correspondante est $M=\frac{EI}{\rho}$; et comme la force F a, dans ce cas, pour bras de levier la longueur L du prisme, on a encore

$$M=FL=\frac{EI}{\rho}.$$

3° La section encastrée étant un rectangle, de hauteur verticale h (parallèle à F) et de largeur horizontale b, son moment d'inertie I a pour expression la formule bien connue $I=\frac{bh^3}{12}$.

4° La quantité E définie plus haut correspond, avons-nous dit, à la *Limite d'Élasticité de la substance* du prisme. Mais, en pratique, la *tension* du métal ou du bois *doit s'arrêter bien au-dessous de* E. Soit R la tension limite, par unité de section encastrée, que la prudence ne doit pas dépasser. On a la relation

$$\frac{R}{E}=\frac{h}{2\rho},\ \text{d'où}\ \frac{E}{\rho}=\frac{2R}{h},$$

qui donne, pour expression nouvelle du moment M du prisme,

$$M=\frac{EI}{\rho}=\frac{2R}{h}I=\frac{Rbh^2}{6}.$$

Et si la *largeur* b de la lame à l'encastrement *est égale à* Nh, *multiple* de son épaisseur h, on a encore $M=\frac{NRh^3}{6}$.

TENSION PRATIQUE DU MÉTAL À RESSORTS.

46. La formule ci-dessus est très usitée dans la construction des ponts en tôle de fer, où les dimensions b et h, étant exprimées *en centimètres*, une *Tension pratique de* $6^k.00$ *par millimètre carré de section dangereuse* correspond à $R=600^k$, et donne $M=100\,bh^2$. Le fer ne travaille ainsi qu'au $\frac{1}{6}$ environ de sa *tension de rupture*, et à $37\frac{1}{2}$ p. 100 seulement de la limite de son élasticité.

Pour l'*acier de bonne qualité des ressorts* de suspension des véhicules de chemin de fer, c'est l'*allongement* i du métal *par unité de longueur des lames* qui règle la *tension limite* R. Pour une section ω uniformément chargée, on a trouvé plus haut $F=E\omega i$, qui, par unité de surface $\omega = 1$, donne $R = Ei$. Dans nos menus ressorts, où le *millimètre* est l'unité, l'acier donne $E = 20,000$ déjà cité, et par suite $R = 20,000\ i$. Or, dans les ressorts des véhicules de railway, on obtient une sécurité complète, en maintenant i entre $i = 0.002$ et $i = 0.003$, soit R entre $R = 40^k$ et $R = 60^k$ par millimètre carré. Le *maximum de sécurité* correspond à $i = 0.025$ ou $R = 50^k$. Entre $i = 0.004$ et $i = 0.005$ l'*allongement permanent est redoutable*. Cependant certains aciers ont donné, sans se rompre, $i = 0.007$, $i = 0.008$ et même $i = 0.009$ [47].

FLEXION D'UNE LAME DE FABRICATION CURVILIGNE.

47. Le moment $M = FL = \frac{EI}{\rho}$, cité au n° 45, suppose que le solide encastré est *rectiligne*, et que la force F, pour lui donner le rayon de courbure ρ, au droit de l'encastrement, agit perpendiculairement à son axe longitudinal, c'est-à-dire parallèlement à la section encastrée. Mais si, avant la flexion, le solide est de forme *Curviligne*, de rayon ρ_0 à l'encastrement, il prendra *sous flexion* un *nouveau Rayon de Courbure* ρ_1, *plus grand* ou *plus petit* que ρ_0, suivant que F *agira dans le sens de la convexité ou de la concavité initiale* du solide. Le *moment d'élasticité* M devient alors :

$$M = EI\left(\frac{1}{\rho_1} - \frac{1}{\rho_0}\right).$$

Mais ce moment a encore pour valeur $M = \frac{2RI}{h}$, calculée plus haut (n° 45), et indépendante du rayon de courbure. Éliminant M entre ces deux relations, on trouve

$$\frac{R}{E} = \frac{h}{2}\left(\frac{1}{\rho_1} - \frac{1}{\rho_0}\right) = \frac{h(\rho_0 - \rho_1)}{2\rho_0\rho_1},$$

avec la condition $\frac{R}{E} = i$ du n° 46.

Une lame d'épaisseur h et de *Rayons Initial* ρ_0 *et Final* ρ_1 *en millimètres, au droit de son encastrement*, aura donc pour *tension*

$$R = \frac{Eh}{2}\frac{(\rho_0 - \rho_1)}{\rho_0\rho_1}.$$

Inversement, l'*épaisseur* h d'une lame de tension R, *fléchie du rayon* ρ_0 *au rayon* ρ_1 *à l'encastrement*, a pour valeur

$$h = \frac{2R}{E\left(\frac{1}{\rho_1} - \frac{1}{\rho_0}\right)}.$$

ÉPAISSEUR DES LAMES DES RESSORTS-BATTANTS DE LA CHIROBALISTE.

48. Dans nos ressorts-battants, où la maîtresse lame se courbe de $\rho_0 = 12$ doigts à $\rho_1 = 6$ doigts, toutes les autres lames donnent également $\rho_1 - \rho_0 = 6$ doigts $= 6 \times 19^{mm} = 114$ millimètres. Avec $E = 20{,}000$, on trouve alors :

$$R = \frac{1{,}140{,}000}{\rho_0\rho_1}\, h \text{ et } h = \frac{8772}{10^{10}} R\rho_0\rho_1.$$

Une épaisseur uniforme h est évidemment la plus convenable pour la fabrication des faisceaux en question. D'après la formule ci-dessus, la *tension pratique* R de chaque lame sera donc, avec h = constante, *d'autant plus grande que le produit* $\rho_0\rho_1$ *sera plus petit*. Or, les rayons ρ_0 et ρ_1 *diminuent* simultanément, en passant d'une lame à l'autre. C'est donc dans la *dernière lamelle, à l'opposite de la maîtresse lame*, que la tension pratique R sera le plus élevée, et la sécurité exige (n° 46) que R n'y dépasse pas *60 kilogrammes par millimètre carré*.

NOMBRE DES LAMES D'UN BATTANT.

49. Pour déterminer le nombre des lames, fixons par hypothèse à $R = 55^k$ la tension de la lame placée au centre du faisceau. L'épaisseur de celui-ci étant de $\frac{1}{2}$ doigt (n° 24, c), largeur de la mortaise d'encastrement, le rayon initial de cette lame sera $\rho_0 = (12^d - \frac{1}{4}) = 11\frac{3}{4}$ doigts $= 223^{mm}.25$. Sous tension, ce rayon se réduira de 6 doigts à $\rho_1 = (6^d - \frac{1}{4}) - 5\frac{3}{4}$ doigts $= 109^{mm}.25$. Avec $R = 55^k$, l'épaisseur h de la lame est

$$h = \frac{8772}{10^{10}} R\rho_0\rho_1 = \frac{8772}{10^{10}} \times 55 \times 223.25 \times 109.25 = \frac{11{,}767{,}199{,}400}{10^{10}},$$

soit, en millimètres : $h = 1^{mm}.177$.

Et comme l'épaisseur du faisceau est de $\frac{1}{2}$ doigt $= 9\frac{1}{2}$ millimètres, le nombre N de ses lames est

$$N = \frac{9^{mm}.50}{1.177} = 8.071, \text{ soit } N = 8 \text{ lames.}$$

En pratique, $h = 1^{mm}.167 = 1\frac{1}{6}$ millimètre, à cause des joints entre les lames. Mais, pour la suite du calcul, il convient de maintenir $h = 1^{mm}.177$ trouvé ci-dessus.

TENSION LIMITE DE CHAQUE LAME.

50. La formule du n° 47, $R = \frac{Eh(\rho_0 - \rho_1)}{2\rho_0\rho_1}$, dans laquelle $\frac{E}{2} = 10,000$, $h = 1^{mm}.177$ et $\rho_0 - \rho_1 = 6$ doigts $= 114^{mm}$, a pour numérateur le nombre 1,340,640 constant pour toutes les lames, dont les rayons ρ_0 et ρ_1 résultent désormais de h. Soient donc R_n la tension de la $n^{ième}$ lame, ρ'_n et ρ''_n ses rayons de courbure initial et final, on a

$$R_n = \frac{1,340,640}{\rho'_n \rho''_n}.$$

D'un autre côté, le rayon initial ρ'_n moyen étant égal au rayon ρ'_1 moyen de la maîtresse lame diminué de $(n-1)h$, on a $\rho'_n = \rho'_1 - (n-1)h$; d'ailleurs $\rho'_1 = \rho_0 - \frac{1}{2}h$, en appelant $\rho_0 = 12$ doigts le rayon extérieur de la maîtresse lame. Il vient ainsi

$$\rho'_n = \rho_0 - \frac{h}{2} - (n-1)h = \rho_0 - \left(n - \tfrac{1}{2}\right)h.$$

De même, le rayon final est $\rho''_n = \frac{1}{2}\rho_0 - \left(n - \frac{1}{2}\right)h$.

On trouvera plus loin, au tableau du n° 66, les valeurs des rayons ρ'_n et ρ''_n des 8 lames, ainsi que celles de R_n et de t_n pour chaque lame.

BRAS DE LEVIER DES LAMES SOUS TENSION.

51. Maintenant, *lorsque l'engin est armé*, chaque lame fléchie *réagit sur la Maîtresse Lame et sur le Brin oblique de la corde archère*, en y produisant une tension t_n à l'extrémité d'un bras de levier $\beta_n = C_nJ_n$, tel que le représente la figure IV ci-contre. La *somme des huit réactions*

partielles ainsi obtenues est *égale à la tension* T *du brin de corde oblique*, qui transmet à la flèche la poussée initiale F, retenue par les griffes

Figure IV. — Bras de leviers des lames sous tension.

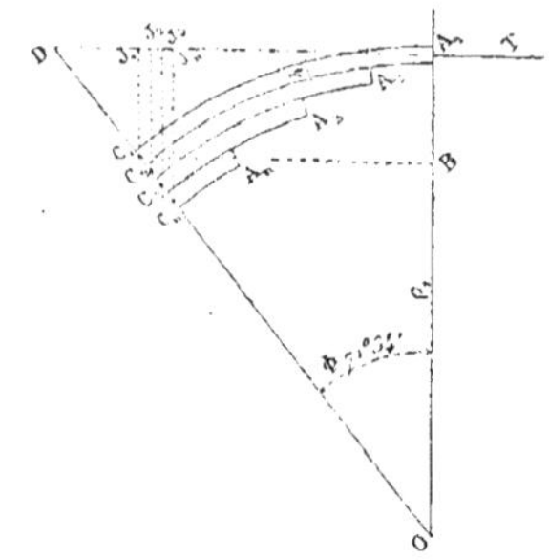

de la bascule. Si donc θ est l'angle de chaque brin oblique de la corde avec la flèche, on aura

$$t_1 + t_2 + t_3 + \ldots t_n = \mathrm{T} = \frac{\mathrm{F}}{2\cos\theta},$$

d'où

$$\mathrm{F} = 2\,(t_1 + t_2 + t_3 + \ldots t_n)\cos\theta = 2\cos\theta.\ \Sigma t_n.$$

Il s'agit de calculer les tensions partielles t_1, t_2, $t_3 \ldots t_n$ des N lames.

Soit d'abord $\mathrm{C_1A_1}$ la maîtresse lame, courbée au rayon externe $\rho_1 = \frac{1}{2}\rho_0$, sous l'angle au centre $\mathrm{C_1OA_1} = \Phi$. Sa tension t_1 a pour bras de levier $\beta_1 = \mathrm{G_1J_1} = \mathrm{A_1B_1} = \rho_1(1 - \cos\Phi)$.

Le bras de levier de la 2e lame est

$$\beta_2 = \beta_1 + h\cos\Phi = \rho_1 - (\rho_1 - h)\cos\Phi.$$

Celui de la 3e est de même

$$\beta_3 = \beta_2 + h\cos\Phi = \rho_1 - (\rho_1 - 2h)\cos\Phi.$$

Et ainsi, le $n^{\text{ième}}$ bras de levier est

$$\beta_n = \rho_1 - \left\{\rho_1 - (n-1)\,h\right\}\cos\Phi.$$

POUSSÉES PARTIELLES DES LAMES SUR LA FLÈCHE.

52. Soient t_n la *tension du brin* sous la $n^{\text{ième}}$ lame, et f_n la *poussée partielle* de t_n *sur la flèche*. On a $t_n = \frac{f_n}{2\cos\theta}$, dont le moment partiel est $m_n = t_n\beta_n$, soit

$$m_n = t_n\left[\rho_1 - \{\rho_1 - (n-1)h\}\cos\Phi\right] = \frac{f_n}{2\cos\theta}\left[\rho_1 - \{\rho_1 - (n-1)h\}\cos\Phi\right].$$

Or, on a vu (n° 45) que $m_n = R_n\frac{bh^2}{6} = \frac{NR_n h^3}{6}$.

Il vient donc

$$R_n\frac{Nh^3}{6} = \frac{f_n}{2\cos\theta}\left[\rho_1 - \{\rho_1 - (n-1)h\}\cos\Phi\right],$$

d'où l'on tire

$$f_n = \frac{Nh^3\cos\theta}{3}\,\frac{R_n}{\rho_1 - \{\rho_1 - (n-1)h\}\cos\Phi}.$$

POUSSÉE TOTALE SUR LA FLÈCHE.

53. La *poussée totale* des battants sur la flèche est donc

$$F = \Sigma f_n = \frac{Nh^3\cos\theta}{3}\,\Sigma\,\frac{R_n}{\rho_1 - \{\rho_1 - (n-1)h\}\cos\Phi},$$

soit, avec $\rho_1 = \frac{1}{2}\rho_0$,

$$F = \frac{2Nh^3\cos\theta}{3}\,\Sigma\,\frac{R_n}{\rho_0 - \{\rho_0 - 2(n-1)h\}\cos\Phi},$$

ou enfin, en posant $K_n = \rho_0 - \{\rho_0 - 2(n-1)h\}\cos\Phi$,

$$F = \frac{2Nh^3}{3}\cos\theta\,\Sigma\frac{R_n}{K_n}.$$

Avec $N = 8$, $h = 1^{\text{mm}}177$, $\theta = 45°$ et $\cos\theta = \frac{\sqrt{2}}{2} = 0,707$, on obtient d'abord $\frac{2Nh^3\cos\theta}{3} = 6.1326$.

Puis, l'angle $\Phi = 71°\,34'$ donne $\cos\Phi = 0.3162$; soit, avec $\rho_0 = 12$ doigts $= 228$ millimètres, et $h = 1^{\text{mm}}.177$,

$$K_n = 155.9064 + 0.7437\,(n-1).$$

Le calcul pratique de F revient donc à

$$F = 6.1326\ \Sigma \frac{R_n}{K_n} = 6.1326\ \Sigma \frac{R_n}{155.9064 + 0.7437(n-1)}.$$

On trouvera plus loin (nº 66) le tableau récapitulatif, déjà signalé (nº 48), qui contient, outre les valeurs de R_n, celles de K_n, $\frac{R_n}{K_n}$, l_n et f_n ci-dessus calculées.

ÉTAGEMENT DES LAMES D'UN BATTANT.

54. Cela posé, on sait qu'une *pièce prismatique, encastrée à une extrémité*, ne peut *se courber en arc de cercle sous un rayon quelconque, qu'à la condition* d'être *soumise à une tension uniforme* R_n, *dans toutes ses sections transversales, qui exige d'elle la forme d'un solide d'égale résistance*. Les *8 lames* de chaque *battant travailleront* donc, *sur toute leur longueur*, aux *tensions respectives* R_1, R_2, R_3... R_8, assignées plus haut à leurs sections d'encastrement, et conserveront leur épaisseur uniforme $h = 1^m.177$. Leur assemblage en faisceau rend cette combinaison précieuse, *par la solidarité que leur juxtaposition établit entre leurs réactions respectives*. Si ces lames étaient isolées, la courbure circulaire exigerait que l'épaisseur de chacune diminuât graduellement, à partir de la section encastrée, suivant une *courbe rebelle à toute solidarité* entre les huit réactions partielles.

PRINCIPE DE L'ÉTAGEMENT DES LAMES.

55. Soit *n* le nombre des lames du faisceau étagé, en un point quelconque D de sa courbe sous tension. Soit T la tension du brin de corde attaché en A (fig. V) tangentiellement à la maîtresse lame. Soient enfin $\rho_n = OC$ le rayon moyen des lames courbées[48], et $COA = \Phi = 71°34'$, l'angle des deux rayons extrêmes de l'arc fléchi.

La perpendiculaire CI, abaissée du centre C d'encastrement sur le prolongement AE de la tension T, est le bras de levier du moment M de T par rapport à la section encastrée OCE. La figure V montre que $CI = AB = \rho_n(1 - \cos\Phi)$. On a donc $M = T\rho_n(1 - \cos\Phi)$, qui correspond aux *8 lames du faisceau total.*

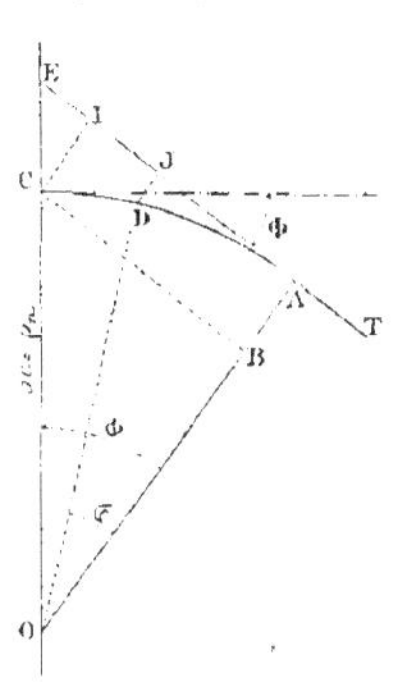

Figure V.
Principe de l'étagement des lames.

Au point D intermédiaire de l'arc CA, la résistance des n lames, qui en forment la section transversale, engendre la *somme des moments* $m_1 + m_2 + \ldots m_n$, *égale au moment de* T *par rapport à la même section* OD, où tout se passe comme si les n lames de la branche DA du faisceau s'y trouvaient encastrées. Or, en D, le bras du levier de T est $DJ = \rho_n(1 - \cos\varphi)$, en appelant $\varphi = DOA$ l'angle des rayons extrêmes de l'arc AD sous tension. Le moment de T par rapport au centre de la réaction D est donc $\mathfrak{M} = T\rho_n(1 - \cos\varphi)$, et les valeurs de $\mathfrak{M}$ et de M ainsi trouvées donnent la relation

$$\mathfrak{M} = M\frac{(1 - \cos\varphi)}{1 - \cos\Phi} = \Sigma m_n.$$

LARGEUR VARIABLE DES LAMES.

56. D'après le n° 45, on a pour une lame d'épaisseur h et de largeur b à l'encastrement C, le moment $m_n = \frac{Rnbh^2}{6}$.

Au point D, où $\mathfrak{M} < M$ à cause de $\varphi < \Phi$, la largeur des lames doit se réduire avec leur nombre, condition très favorable à l'élégance du faisceau étagé. Soit donc $C_n < b$ la largeur en D des n lames; on aura

$$m'_n = \frac{R_n c_n h^2}{6} \text{ et } \Sigma m'_n = \frac{c_n h^2}{6}\Sigma R_n = \mathfrak{M} = M\frac{(1 - \cos\varphi)}{1 - \cos\Phi},$$

d'où l'on tire

$$\Sigma R_n = \frac{6M}{(1 - \cos\Phi)h^2} \times \frac{(1 - \cos\varphi)}{c_n},$$

expression où le facteur $\frac{1 - \cos\varphi}{c_n}$ est seul variable avec l'angle φ.

FORMULE DE L'ÉTAGEMENT DES BATTANTS.

57. Dans la Chirobaliste, les lames ont $\frac{1}{2}$ doigt $= 9\frac{1}{2}$ millimètres (n° 24, *c*) de largeur à l'encastrement. Près du crochet, la *largeur de la maîtresse lame peut*, avec sécurité, *être réduite de moitié*, soit à $\frac{1}{4}$ doigt $= 4^{mm}.75$. La largeur du faisceau diminuera donc graduellement de $9\frac{1}{2}$ à $4\frac{3}{4}$ millimètres, sous l'angle au centre $\Phi = 71°34' = 71.567$ degrés. La *largeur des lames varie* ainsi de $\frac{4.75}{71.567} = 0^{mm}.0663$ *par degré;* et, *à partir du crochet*, où la largeur est de 4.75 millimètres, les *n lames* de l'arc AD, correspondant à l'angle au centre $DOA = \Phi_n$, *auront en* D *la largeur*

$$e_n = 4^{mm}.75 + 0^{mm}.0663\,\Phi_n.$$

Il vient alors, pour ΣR_n calculée plus haut,

$$\Sigma R_n = \frac{6M}{(1-\cos\Phi)h^2} \times \frac{1-\cos\varphi_n}{(4.75+0.0663\varphi_n)},$$

avec φ exprimé en degrés et fraction décimale de degré. Cette formule peut s'écrire

$$\frac{1-\cos\varphi_n}{(4.75+0.0663\varphi_n)} = \frac{(1-\cos\Phi)h^2}{6M}\Sigma R_n,$$

avec $\Phi = 71°34'$, $\cos\Phi = 0.3162$, $1-\cos\Phi = 0.6838$, $h = 1.177$ et $h^2 = 1.374$; et avec $T = 12^k.061$ et $\rho_n = 109.296$, donnés par le tableau récapitulatif du n° 66 ci-après, on trouve

$$6M = 6T\rho_n = 7909.314$$

et

$$\frac{1-\cos\varphi_n}{4.75+0.0663\varphi_n} = \frac{0.93954}{7909.314}\Sigma R_n = \frac{1188}{10^7}\Sigma R_n.$$

Posant pour abréger $f(\varphi_n) = \frac{1-\cos\varphi}{4.75+0.0663\varphi}$, on a enfin

$$\frac{1188}{10^7}\Sigma R_n = f(\varphi_n).$$

DISTRIBUTION DE L'ÉTAGEMENT.

58. Pour obtenir pratiquement les valeurs de φ_n et de R_n qui satis-

Figure VI. _ Distribution de l'étagement des lames.

Nota. _ *Les abscisses de la courbe sont à l'échelle de 3mm par degré d'arc de lame circulaire. Les ordonnées de la même courbe sont les valeurs de f(R_n) du tableau du N°66, assimilées au mètre et appliquées ci-dessous à l'échelle de 0m01 pour 1m00 = 100.*

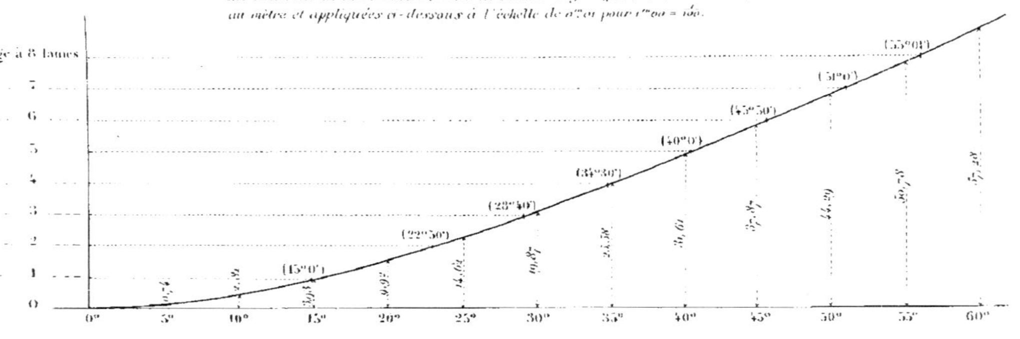

font à l'équation ci-dessus, on construit un diagramme représenté par la figure VI suivante.

Sur un axe horizontal, on prend une *longueur* OX, *égale à celle de la Maîtresse Lame supposée rectiligne*. Cette lame sous flexion ayant pour rayon $\rho_1 = 6$ doigts $= 114$ millimètres, et pour angle au centre $\Phi = 71^\circ 34'$, sa longueur est $L = 142^{mm}.418$, et l'on peut prendre $OX = L$.

59. On divise ensuite la ligne OX, à partir de l'origine O, en segments correspondant à 5°, 10°, $15^\circ \ldots 60^\circ$. Sous le rayon $\rho_1 = 114^{mm}$, l'arc de $1^\circ = 1^{mm}.99$; les segments de 5° mesurent donc $9^{mm}.95$. On peut, sans aucun inconvénient pour le résultat final, les prendre de 10 millimètres chacun, en fixant ainsi à 2^{mm} par degré l'échelle du tracé de l'axe OX. Puis, par chaque point de division ainsi obtenu, on élève une ordonnée ou perpendiculaire, que l'on prend égale à $f(\varphi_n) = \frac{1 - \cos \varphi_n}{4.75 + 0.0663\,\varphi_n}$. En considérant $f(\varphi_n)$ comme une fraction du *mètre pris pour unité*, on mesure *en millimètres* chaque valeur de $f(\varphi_n)$ sur l'ordonnée correspondante. On obtient ainsi autant de points de la courbe $y = f(\varphi_n)$, dont le tracé s'achève avec toute la précision désirable.

60. Voici, de 5 en 5° jusqu'à 60°, les valeurs en mètres de $f(\varphi_n)$, qui d'ailleurs s'annule pour $\varphi = 0^\circ$.

$f(5^\circ) = 0^m.00074$,	$f(25^\circ) = 0^m.01462$,	$f(45^\circ) = 0^m.03787$,
$f(10^\circ) = 0^m.00281$,	$f(30^\circ) = 0^m.01987$,	$f(50^\circ) = 0^m.04429$,
$f(15^\circ) = 0^m.00593$.	$f(35^\circ) = 0^m.02558$,	$f(55^\circ) = 0^m.05078$,
$f(20^\circ) = 0^m.00992$,	$f(40^\circ) = 0^m.03161$,	$f(60^\circ) = 0^m.05728$.

Les ordonnées de la courbe *en millimètres* sont donc : 0 (à l'origine), $0^{mm}.74$, $2^{mm}.81$, $5^{mm}.93$, $9^{mm}.92$, $14^{mm}.62$, $19^{mm}.87$, $25^{mm}.58$, $31^{mm}.61$, $37^{mm}.87$, $44^{mm}.29$, $50^{mm}.78$ et $57^{mm}.28$.

61. De même, considérant comme des millimètres les valeurs numériques de R_n, inscrites au tableau du n° 66 ci-après, on élève

une perpendiculaire OY à l'origine O de l'axe des abscisses, dans la figure VI du n° 58; et l'on mesure sur OY, à partir de O, *les huit longueurs* $f(R_n)$. Par le sommet de chacune d'elles, on mène à OX des parallèles qui coupent la courbe $y=f(\varphi_n)$ en huit points satisfaisant à l'équation $f(R_n)=f(\varphi_n)$. Les abscisses de ces points, obtenues ensuite graphiquement, déterminent les huit valeurs de l'angle φ_n, qui correspondent aux étages successifs de 1, 2, 3, 4..., 7, 8 lames. Les angles φ_n étant comptés (fig. V, n° 55) à partir du crochet de la maîtresse lame, on voit (fig. VI, n° 58) qu'à ce crochet même correspond l'origine O du diagramme.

LONGUEURS DES DIVERS ÉTAGES ET DES LAMES CORRESPONDANTES.

62. Cela posé, la figure VII ci-contre représente en demi-grandeur le faisceau d'un ressort-battant, encastré dans son manchon vu en coupe horizontale; les 8 lames juxtaposées, mais de longueurs inégales, y déterminent l'étagement nécessaire pour assurer la flexion circulaire du battant.

A partir de l'encastrement, les étages comptent successivement 8, 7, 6..., 2, 1 lames; et, à chaque étage, la lame inférieure s'amincit suivant un profil parabolique, dont il sera parlé au n° 65.

Les longueurs d'étage sont des fractions inégales de la longueur A_8A_0 de l'arc extérieur de la maîtresse lame. Le rayon de cet arc sous flexion étant $\rho_1=6$ doigts$=114$ millimètres, et son angle au centre $\Phi=71°34'$, la longueur externe A_0A_8 de la lame est $L=142.418$ millimètres.

Les autres angles au centre φ_n étant évalués à 1.99 millimètre[39] par degré de l'arc A_0A_8 à partir du crochet A_0, chaque arc A_0A_n d'angle au centre φ_n a pour longueur $l_n=1.99\,\varphi_n$. Les longueurs $l_1, l_2, \ldots, l_8=L$, déduites de cette formule, donnent ensuite les longueurs partielles $\lambda_n=l_n-l_{n-1}$ des étages successifs, puis les longueurs $L_n=L-l_n$ des portions externes du faisceau composées de 1, 2, 3... n lames, mesurées à partir de l'axe du pivot. Puis, pour tenir compte des 3 doigts$=57^{mm}$ de l'encastrement des lames en arrière du pivot[59], on ajoute ces 57^{mm} à L_n ci-dessus.

Il vient $\Lambda_n = L + 57 - l_n = 142^{mm}.418 + 57 - l_n = 199^{mm}.418 - l_n$ pour la *longueur totale* de la $n^{ième}$ lame.

Figure VII. — Battant en demi-grandeur.

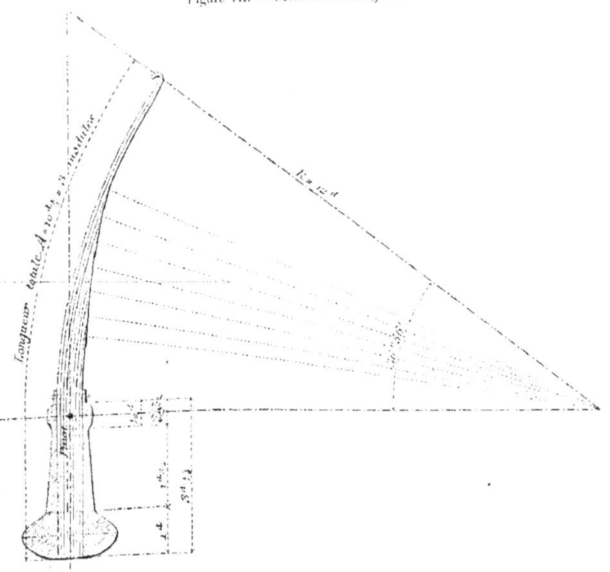

Le tableau du nº 66 ci-après contient les valeurs de φ_n, λ_n, $\Sigma\lambda_n$ et Λ_n pour les 8 lames du faisceau.

LONGUEUR DU BATTANT EN MODULES.

63. Si l'on divise la longueur totale $L = 197^{mm}.418$ de la maîtresse lame par 1 doigt = 19 millimètres, on obtient $\Lambda = 10.495$ doigts, soit $\Lambda = 10\frac{1}{2}$ doigts = 3 *modules*.

Ce résultat remarquable, déduit des $3\frac{1}{4}$ doigts de longueur des κωνοειδῆ, et de l'angle au centre Φ donné par hypothèse seulement (fig. I, n° 24) au faisceau fléchi, met en pleine évidence toute la justesse de la présente théorie.

LARGEURS DES LAMES À L'EXTRÉMITÉ LIBRE DE CHAQUE ÉTAGE.

64. La maîtresse lame ayant $9^{mm}.50$ de largeur à l'encastrement et $4^{mm}.75$ au droit du crochet, il est logique de supposer à sa surface de flanc la forme d'un *trapèze*, dont la largeur augmente, à partir du crochet, de $\frac{4^{mm}.75}{142.418} = 0^{mm}.03335$ par millimètre de longueur de trapèze. Pour toutes les autres lames, la largeur suit celle de la première. A chaque longueur d'étage λ_n correspond ainsi la largeur $c_n = 4^{mm}.75 + 0.03335\lambda_n$, dont les valeurs sont inscrites au tableau du n° 66 ci-après.

ARÊTE PARABOLIQUE INTERNE DE LA LAME MINIMA DE CHAQUE ÉTAGE.

65. Chaque étage du faisceau est défini par l'excédent de longueur de sa lame de rayon minimum sur celle de la plus longue lame de l'étage inférieur adjacent. Pour ces saillies successives de l'étagement, l'épaisseur de la plus petite lame, au lieu de demeurer fixe $h = 1^{mm}.177$, se réduit graduellement en *arc parabolique*, du *profil* dit *d'égale résistance, qui en augmente la souplesse*. Cet arc est *convexe vers le centre de courbure des lames*, et d'une exécution pratique très facile. Il supprime d'ailleurs les angles vifs des lames plates, au droit de l'étagement; et *il donne aux battants, avec plus de souplesse, un aspect plus régulier et plus artistique*.

TABLEAU RÉCAPITULATIF DES DIMENSIONS DES RESSORTS-BATTANTS, DES ÉLÉMENTS PARTIELS DE TENSION DES LAMES ET DE LA CORDE, ET DES POUSSÉES INITIALES PARTIELLES DES BATTANTS SUR LA FLÈCHE À L'INSTANT INITIAL DE LA DÉTENTE.

66. En tête de chaque colonne, au-dessous de la notation algébrique des quantités inscrites dans la colonne, est indiqué le numéro du texte qui en établit la formule.

ÉTAGE de n LAMES.	DIMENSIONS DES ÉTAGES.					TENSIONS DES LAMES.							TENSIONS ET POUSSÉES PARTIELLES de la corde sur la flèche.			
	φ_n (62.)	λ_n (62.)	$\Sigma\lambda_n$ (62.)	C_n (62.)	A_n (62.)	ρ'_n (50.)	ρ''_n (50.)	$\rho'_n\rho''_n$ (50.)	R (50.)	ΣR_n (50.)	$f(R_n)$ (50.)	i_n (50.)	K_n (52.)	$\frac{R_n}{K_n}$ (52.)	t_n (52.)	f_n (52.)
		millim.	millim.	millim.	millim.	millim.	millim.	millim.	kilogr.	kilogr.					kilogr.	kilogr.
n = 1...	13°00′	45.438	142.418	4.750	199.418	227.410	113.410	25.791	51.981	51.981	0.006175	0.00260	155.906	0.3335	1.1460	2.0152
n = 2...	22°30′	11.609	96.980	6.265	153.980	226.240	112.240	25.391	52.798	104.779	0.012448	0.00261	156.650	0.3370	1.1612	2.0667
n = 3...	28°40′	11.608	85.371	6.653	142.371	225.060	111.060	24.995	53.653	158.432	0.018822	0.00268	157.394	0.3407	1.3781	2.0906
n = 4...	34°30′	10.945	73.763	7.040	130.763	223.880	109.880	24.601	54.493	212.927	0.025296	0.00273	158.138	0.3446	1.4911	2.1133
n = 5...	40°00′	11.608	62.818	7.505	119.818	222.710	108.710	24.210	55.375	268.302	0.031871	0.00278	158.882	0.3492	1.5140	2.1414
n = 6...	45°30′	10.282	51.210	7.792	108.210	221.532	107.530	23.822	56.277	324.579	0.038600	0.00281	159.626	0.3535	1.5283	2.1617
n = 7...	51°00′	7.960	40.928	8.155	97.928	220.358	106.360	23.436	57.204	381.783	0.045336	0.00286	160.370	0.3567	1.1166	2.1873
n = 8...	55°00′	31.968	31.968	8.400	89.968	219.180	105.180	23.053	58.154	439.937	0.052265	0.00291	161.114	0.3671	1.0917	2.2513
TOTAL......		142.418	ENCASTRᵗ	9.500	57.000	MOYENNE R......			54.992	MOYENNE i_n...		0.00275	TOTAUX......		10.0610	17.0097

RÉSULTATS DYNAMIQUES DE L'ARMEMENT DES RESSORTS-BATTANTS.

67. Le tableau ci-dessus démontre les faits suivants :

1° La *tension moyenne* des fibres du faisceau armé est $R'_n = 54^k.992$, soit $R'_n = 55^k.00$ par *millimètre carré*, donnant pour *allongement moyen* $i'_n = 0^{mm}.00275$ par millimètre de longueur. Les lames fléchissent donc dans les meilleures conditions de sécurité pratique, définies au n° 46.

2° La *tension totale* $T = 12^k.061$ de la *corde archère permet de prendre celle-ci d'un très petit diamètre.* Trois brins d'une chanterelle de violon résistent bien au delà de $T = 12^k.061$, sans trace sensible d'allongement. Il faut éviter de les tordre, afin de leur conserver la plus grande souplesse. Au droit des crochets, on en consolide l'attache par un enroulement de fil fort, sur 1 ou 2 centimètres de longueur, précaution non moins utile encore au milieu de la corde, sur la largeur du tiroir, pour la protéger contre la pression des griffes de la bascule.

3° A l'*instant où commence la détente*, la *poussée de la corde sur la flèche* est $F = 17^k.060$. Elle diminue graduellement jusqu'à la fin du battement, où elle s'annulerait, si la corde elle-même était détendue. Pour cela, la figure I et le n° 24 de la présente Notice montrent que la *longueur de course* de la corde devrait excéder de $\frac{7}{25}$ doigt $= 5^{mm}.32$ le *battement* régulier de $10\frac{1}{2}$ doigts $= 199^{mm}.50$, ce qui porterait la course effective à $(199^{mm}.50 + 5^{mm}.32) = 204^{mm}.82$, soit à 205 millimètres. Pour la réduire à $199^{mm}\frac{1}{2}$ (ou à 20 centimètres, en nombre rond), il a donc fallu donner à la corde abattue une certaine tension. Il en sera tenu compte ci-après, dans le calcul de la force vive du coup, en supposant la poussée totale $F = 17^k.060$ appliquée à la course $Z = 205$ millimètres.

LA CHIROBALISTE D'HÉRON D'ALEXANDRIE. — APPENDICE.

§ II. — *Vitesses, forces vives et portées du trait de la Chirobaliste.*

TRAVAIL BALISTIQUE DE L'ENGIN.

68. 1° *Vitesse initiale.* La poussée F = 17k.060 parcourant ainsi l'espace Z = 205 millimètres = 0m.205, son travail balistique est :

$\mathfrak{T} = \frac{1}{2}FZ = \frac{1}{2} \times 17.06 \times 0.205 = 1.749$, soit $\mathfrak{T} = 1.75$ kilogrammètre.

D'un autre côté, on a vu (nos 11-15) que le *poids normal* de la flèche est $p = 2$ drachmes = 8gr.726 = 0k.008726. Sa masse est donc

$$m = \frac{p}{g} = 0.102\,p = \frac{0^k.008726}{9.8088} = 0.00089.$$

A Paris, en effet, l'intensité g de la pesanteur est $g = 9.8088$.
La vitesse V initiale du trait donne encore

$$\mathfrak{T} = \frac{1}{2}mV^2, \text{ d'où } V^2 = \frac{2\mathfrak{T}}{m} = \frac{2 \times 1.749}{0.00089} = \frac{3.498}{0.00089} = 3930.$$

On en déduit V = 62m.68 ; soit, en nombre rond, V = 63m.00.

69. Or, dans mon premier Mémoire[51], j'ai cité les expériences pratiquées par le général Dufour[52] sur une *Baliste* et sur un *Scorpion névrotones*, dont il avait construit des modèles. Le *Boulet* de la *Baliste, du poids de* 30 *kilogrammes, portait* à 402 mètres, sous l'angle de 45°, et sa *vitesse initiale* était de 62m.80. La *Flèche* du *Scorpion, du poids de* 500 *grammes, portait à* 222m.60, sous l'angle de 15°, avec une vitesse initiale de 66m.10. Sous l'angle de 15°, le boulet de la baliste ne portait qu'à 201 mètres.

70. La vitesse initiale V = 63m.00 du trait de la Chirobaliste satisfait donc au principe de l'artillerie antique, qui fixait à 2 stades = 370 mètres, soit à 400 mètres environ, la portée limite de son tir, et à $\frac{1}{3}$ stade = 62 mètres environ sa vitesse initiale.

2° FORCE VIVE INITIALE.

71. Sa valeur est $\Psi = mV^2$, soit $\Psi = 0.00089\,(63^m.00)^2 = 0.00089$

$\times 3969 = 3.5324$, correspondant au travail dynamique $\mathfrak{T} = \frac{1}{2}\Psi = 1.7662$ kilogrammètre. A bout portant, le coup de la flèche équivaut donc au choc d'un poids de $1^{k}.7662$, tombant de $1^{m}.00$ de hauteur en une seconde. Mais si le poids p de la flèche est à 9 grammes au lieu de $8^{gr}.726$ calculés au nº 68, sa *masse* devient $m = 0.000919$, et sa *force vive* $\Psi = 3.6435412$ équivaut à $\mathfrak{T} = \frac{1}{2}\Psi = 1^{kgm}.8218$.

3° PORTÉE EXTRÊME DE LA FLÈCHE.

72. Dans le vide et sous l'angle de tir $\alpha = 45°$, la *vitesse initiale* V donne la portée $A = \frac{V^2}{g} = 0.102\,V^2 = 0.102 \times 3969 = 404^{m}.90$, soit $A = 405$ mètres. $A = 0.102\,V^2$ montre que, dans le vide, la portée est, en nombre rond (avec 0.10 pour 0.102), le $\frac{1}{10}$ du carré de la vitesse initiale V. Avec $V = 63^{m}.00$, $p = 9$ grammes en nombre rond et $m = 0.000918$, sous le diamètre $d = 8$ millimètres $= 0^{d}.08$ (en décimètres), la *section du trait* en décimètres carrés est $\omega = 0^{dq}.005026$, et lui donne pour *masse-unité* μ, c'est-à-dire *par décimètre carré de section* ω, la quantité $\mu = \frac{m}{\omega} = \frac{0.000918}{0.005026} = \frac{918}{5026} = 0.1826$.

73. Dans ces conditions, la *Portée* du trait à travers l'air, sous l'angle de tir extrême $\alpha = 45°$, s'obtient par la formule suivante, appliquée en artillerie aux projectiles *aigus* ou *ogivaux*[53] :

$$E = -1,111,500\frac{\mu}{V} + 1491\sqrt{\frac{\mu}{V}\left(A + 555,750\frac{\mu}{V}\right)},$$

soit, avec $\frac{\mu}{V} = \frac{0.1826}{63.00} = 0.0028984 = 0.0029$, et $A = 405$ mètres,

$$E = -3223.35 + 1491\sqrt{5.848372} = -3223.35 + 1491 \times 2.418,$$

d'où

$$E = -3223.35 + 3605.24 = 381^{m}.89 = 382 \text{ mètres}.$$

74. Dans le vide, la portée $A = 405$ excéderait donc de 23 mètres seulement la portée dans l'air. La résistance du fluide n'amortit donc que 3.21 p. 100 de la portée théorique. Mais la formule de E ci-

dessus concerne des projectiles à pointe ogivale de 90°, tandis que le dard conique de la Chirobaliste est aigu à 24°. La flèche doit donc porter dans l'air entre E = 382 et A = 405 mètres, soit à plus de 2 stades = 2 × 185ᵐ = 370 mètres[54]. Posons E = 390 mètres.

4° VITESSE ET FORCE VIVE FINALES DE LA FLÈCHE.

75. La faible perte de portée due à la résistance de l'air permet au trait d'Héron de frapper à toute distance presque aussi fort qu'à bout portant. A la distance extrême $E_1 = 390$ mètres, sa *vitesse finale* V_1 sera, d'après une autre formule de l'artillerie ogivale :

$$V_1 = \frac{\mu V}{\mu + 0.60 VE},$$

avec $\mu = 0.1826$ et $V = 0^{km}.063$ et $E = 0^{km}.390$ (en kilomètres).

On trouve ainsi :

$$V_1 = \frac{0.1826 \times 0.063}{0.1826 + 0.60 \times 0.063 \times 0.390} = \frac{0.0115038}{0.1840742} = 0^{km}.06249,$$

soit, en mètres, $V_1 = 62^m.50$. La vitesse courante ne diminue donc que de $0^m.50$, soit de 0.79 p. 100, entre les points de départ et de chute.

76. Quant à la force vive finale du poids $p = 9$ grammes, elle est $\Psi = mV_1^2 = 0.000918\,(62.50)^2 = 0.000918 \times 3906.25 = 3.58594$, correspondant au travail dynamique *final* $\mathfrak{T}_1 = \frac{1}{2}\Psi_1 = 1.79297$, soit $\mathfrak{T}_1 = 1.793$ kilogrammètre. Le travail initial disponible étant $\mathfrak{T} = 1.8218$ kilogrammètre, la perte due à la résistance de l'air est seulement de 0.0288 kilogrammètre, soit de 1.58 p. 100.

En moyenne, le choc du trait de 9 grammes à toute distance équivaut à celui d'un poids de $1^k.80$ tombant de $1^m.00$ de hauteur. Dans le bois, sa pénétration est remarquable[55].

EXPÉRIENCE TRÈS SIMPLE POUR DÉTERMINER LA VITESSE INITIALE D'UNE FLÈCHE.

77. Le tir pratiqué dans l'atelier de M. Albert Piat, sur le modèle exécuté par ses soins, m'a suggéré l'idée d'une méthode très simple

pour mesurer la vitesse initiale de la flèche. Supposons une arbalète fixe AB (fig. VIII), montée sur un support rigide, et pointée en avant sous un angle quelconque BAD, qu'il est commode de maintenir au-dessous de 20°, la vitesse initiale cherchée V étant indépendante de l'inclinaison du tir. L'arbalète étant armée de sa flèche f et prête à partir, installons en face d'elle, à 10 ou 12 mètres de distance, un panneau vertical en bois MN, solidement dressé à angle droit avec le plan de tir, et tel que le rayon visuel, dirigé le long de la flèche immobile, rencontre le panneau MN en un point m, facile à repérer avec un crayon sur le plan de bois vertical. Soit ε la distance horizontale, mesurée avec soin, de la pointe du dard au panneau. Le coup parti, le poids du trait l'entraîne à frapper l'écran, non plus en m, mais en un point n situé plus bas, et qu'il marque en s'y enfonçant. Soit h la distance verticale entre les points m et n.

78. Dans son trajet, le trait a franchi simultanément les espaces ε horizontal et h vertical. Le temps t du parcours résulte de h, par la formule $h=\frac{1}{2}gt^2$ de la chute des corps. On a donc $t=\sqrt{\frac{2h}{g}}$; et comme la distance ε de l'engin à l'écran est très réduite, elle a été évidemment franchie sous la *Vitesse initiale* V, qui donne alors $\varepsilon=Vt$, d'où $V=\frac{\varepsilon}{t}$. Avec $t=\sqrt{\frac{2h}{g}}$ trouvé ci-dessus, on obtient $\frac{1}{t}=\sqrt{\frac{g}{2h}}$, d'où $V=\varepsilon\sqrt{\frac{g}{2h}}$. La quantité $g=9.8088$ donne enfin $V=\frac{2.215\varepsilon}{\sqrt{h}}$, où ε, h et V s'expriment en mètres.

Figure VIII. — Procédé nouveau de mesure de la vitesse initiale d'une flèche.

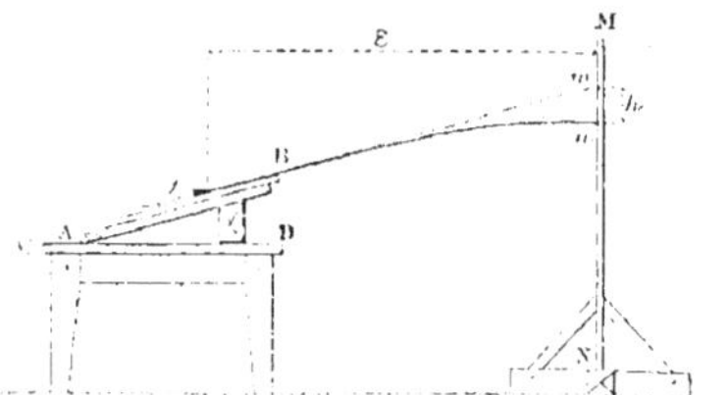

§ III. — *Origine historique du module de la Chirobaliste.*

79. *Objet de ce dernier paragraphe.* Dans le n° 3 de mon introduction au présent Appendice, considérant que mes recherches sur les origines et les applications du *module* dans la statuaire antique pouvaient, à l'avantage de l'art moderne, être réservées pour la *Revue archéologique,* je me suis seulement rappelé que le *module* de la Chirobaliste, par moi retrouvé dans le système graphique de l'épure et dans les propriétés balistiques de l'engin[56], pouvait aussi être mis en lumière par des preuves historiques et philologiques, mais dont je dois donner ici un résumé suffisant pour faire apprécier le génie d'Héron. Puisse donc ce résumé être considéré comme le dernier mot de son chef-d'œuvre!

80. *Opinion de Diodore de Sicile sur la Sculpture égyptienne.* On sait que Diodore de Sicile, dans son exposé des procédés de la statuaire égyptienne, parle avec enthousiasme de l'*harmonie des proportions* que les sculpteurs de cette école donnaient à leurs statues (*συμμετρίαν τῶν ἀγαλμάτων*), mieux inspirés que les Grecs qui, selon notre historien, ne jugeaient de telles œuvres que sur les apparences[57]. Il décrit ensuite la méthode égyptienne applicable, dit-il, *à toutes les parties d'un corps* sculpté en pierre, depuis les plus petites jusqu'aux plus grandes. Mais il commet une erreur singulière, en ajoutant que cette méthode décompose la structure totale du corps en 21 parties $\frac{1}{4}$: *Τοῦ γὰρ παντὸς σώματος τὴν παρασκευὴν εἰς ἓν καὶ εἴκοσι μέρη καὶ προσέτι τέταρτον διαρουμένους, τὴν ὅλην ἀποδιδόναι συμμετρίαν τοῦ ζώου.* Outre que Diodore n'indique nulle part ni la nature ni la grandeur de la mesure qui sert d'unité à ses 21 $\frac{1}{4}$ *μέρη*, ce *Quart de partie* qui s'ajoute aux 21 parties normales est une bizarrerie inexplicable. Cependant, pour en rendre compte, tous les écrivains sur la statuaire moderne s'accordent à supposer qu'une statue était graduée, *sur sa Hauteur verticale*, en 21 parties égales, jusqu'au sommet du crâne, en y ajoutant le quart d'une de ces divisions pour la crête

du bonnet. A l'appui de cette hypothèse, ils citent des peintures et des sculptures égyptiennes, dont les surfaces sont divisées en carrés égaux par des droites horizontales et verticales; ils appellent ce procédé la *Mise au Carreau;* mais, au lieu d'y chercher le *module*, ils conviennent sincèrement qu'aucun des systèmes de ce genre ne répond absolument à l'idée du *Canon*. Ils jugent avec raison que cette division ne serait applicable qu'au cas d'un homme rigoureusement debout. Que deviendrait-elle dans ces *attitudes si nombreuses, si diverses*, si recherchées par l'art moderne[58]? Tout κανών rationnel doit être *indépendant* de *l'orientation* nécessaire à chaque membre d'une statue, orientation qui ne relève que de l'inspiration de l'artiste. Chaque partie du corps y conserve ses dimensions normales; quelques muscles seulement y subissent des déformations de surface, d'ordinaire peu sensibles et faciles à exécuter d'après nature. Un véritable *Canon Statuaire* exige la connaissance exacte des *formes et proportions* de chaque partie du corps. Combien donc en doit-on compter, à ce point de vue, dans la stature humaine?

81. *Nombre des Parties Statuaires du Corps humain.* Assurément, les mots καὶ προσέτι τέταρτον, ajoutés à ἓν καὶ εἴκοσι μέρη, dans tous les manuscrits et toutes les éditions de Diodore de Sicile, forment un ensemble absolument inintelligible. Sans aucun doute, quelqu'un des plus anciens copistes de cet auteur qui recueillit souvent, en Égypte, des renseignements suspects, s'était imaginé, à la lecture d'un papyrus déjà détérioré, que le mot τέταρτον était le *complément numérique naturel* des 21 parties désignées ci-dessus, le terme μέρη n'indiquant que les *divisions verticales et uniformes* de la stature humaine. Or, si l'on considère le corps comme une simple réunion de *Membres* et d'*Organes*, décomposable en deux groupes distincts, dont le détail est encore à connaître, on trouve[59] :

1° *Onze membres* proprement dits, *doués chacun d'une mobilité spéciale:*

3° *Dix organes fixes ou peu mobiles* en leurs fonctions respectives, et logés à demeure, chacun sur un des membres mobiles.

La structure humaine compte donc ainsi (11+10) = 21 parties distinctes, et 21 est le produit des nombres premiers hiératiques 3 et 7, si vénérés partout dès l'antiquité la plus reculée[60].

82. *Le Module de la Statuaire Grecque.* La structure humaine ainsi définie rend plus difficile encore l'interprétation du *καὶ προσέτι τέταρτον* de Diodore. Des 21 parties ci-dessus énumérées, aucune n'est en rapport défini, de forme ou de volume, avec les autres, excepté dans le cas des formes symétriques, comme les yeux, les oreilles, etc. Mais que l'on considère, comme j'en ai eu le premier conscience, que le mot *τέταρτον*, outre son sens purement arithmétique, représente encore, en grec courant, le *Quart du Pied*, c'est-à-dire le *Palme de 4 doigts*, appelé ordinairement *παλαισΊή* ou *δῶρον*. Les Grecs disaient également *τετάρτη* (ἡ), la *quarte*, d'une mesure secondaire pour les *liquides*, dont l'unité *χοῦς* (ὁ), le *conge*, cubait environ $3\frac{1}{4}$ litres. La *quarte* mesurait donc ainsi 81 centilitres. De nos jours, rien n'est plus commun chez nous que l'achat d'un *quart*, d'un *demi-quart*, d'un *quarteron* ou d'un *demi-quarteron* d'une denrée quelconque. De tout temps et partout, le peuple a préféré ces locutions pratiques.

83. *Correction au texte de Diodore de Sicile.* Ainsi ramené au sens concret, qui seul le rapproche des 21 parties définies plus haut, le terme *τέταρτον* recouvre son rôle naturel de *Commune Mesure*, d'*Unité de longueur*, de *Module* en un mot, dans la structure normale du corps humain, en s'appliquant à ses dimensions visibles. Or, le *palme* ou largeur du *poignet* de l'homme était devenu chez les anciens, non seulement le *module* de la *statuaire*, mais encore le *module architectural*[61]. Dans le passage précité de Diodore, la liaison de *τέταρτον* (*palme*) avec les mots *ἓν καὶ εἴκοσι μέρη* ne devient intelligible et logique que par la substitution de *κατὰ τὸ προσῆκον τέταρτον* à la leçon *καὶ προσέτι τέταρτον*, universellement admise jusqu'ici. Le sens

devient alors : 21 parties [mesurées] au *module naturel* du *Quart de Pied*, ce que rend bien τὸ ϖροσῆκον τέταρτον, où ϖροσῆκον signifie *convenable, ce qui vient, ce qui arrive, a sous la main.* Or, le *poignet* répond de tout point à cette définition.

L'auteur de l'incorrection καὶ ϖροσέτι avait sans doute lu καὶ pour κατὰ, et ἔτι pour ἧκον à la suite de ϖρός. On répare souvent de plus graves méprises dans la restitution des vieux textes.

84. *Le Module et le Poids de la Chirobaliste.* Maintenant, si le *Module du Palme* (4 doigts), adopté de préférence par la statuaire antique, fut d'abord la base du système des poids et mesures en Grèce et en Égypte, la hauteur du corps humain, qui, selon Vitruve, est de 6 pieds = 24 palmes = 96 doigts [62], serait de $6 \times 0^{m}.304 = 1^{m}.824$, le pied mesurant 16 doigts de $0^{m}.019 = 16 \times 0^{m}.019 = 0^{m}.304$. Aussi les statues antiques de nos musées, comparées à la taille humaine actuelle, sont généralement jugées plus grandes que nature. En moyenne, le poignet n'a guère aujourd'hui que 66 à 67 millimètres de largeur, soit $3\frac{1}{2}$ doigts de 19 millimètres. Cette valeur, que j'ai exactement retrouvée pour le *Module Graphique* de la Chirobaliste, eut donc pour origine, dans cet engin, la *largeur* même du *Poignet* de son inventeur. En cela, certainement, l'illustre ingénieur céda à une nécessité militaire. Les *Mains symboliques* de sa machine paraissent seules y avoir suivi le *Module* de 4 doigts de la statuaire [63], montrant qu'Héron d'Alexandrie en pratiquait habilement les principes. Asservi à ce *module*, son engin, portatif par destination, se fût trouvé trop pesant. Réduit de 4 à $3\frac{1}{2}$ doigts, dans la proportion de 8 à 7, le *Module Moyen* réduisit le poids de l'arme dans le rapport de $8^3 = 512$ à $7^3 = 343$, des cubes de 8 et de 7, ce qui donne $\frac{343}{512} = 0.67 = \frac{2}{3}$ de 512.

85. *Conclusion.* La réduction du module économisa donc $\frac{1}{3}$ du poids que 4 doigts auraient donné à la machine. Le modèle exécuté par M. Piat pèse exactement 7 kilogrammes, soit 16 mines de $0^{k}.4363$ chacune : en effet, $\frac{7^{k}.000}{0^{k}.4363} = 16^{m}.04 = 16$ mines. Il est ainsi évident que

la nécessité de rendre l'arme portative imposa à Héron d'Alexandrie le module de $3\frac{1}{2}$ doigts, dont l'épure de la Chirobaliste m'a fourni de si nombreux exemples. C'est ainsi que l'histoire, éclairant maint endroit défiguré, dans les manuscrits, par l'antiquité de l'écriture, aide la philologie à rétablir l'intégrité première d'un texte, en le rapprochant de faits authentiques rapportés par les meilleures traditions.

NOTES.

CHAPITRE PREMIER.

[1] *Notices et extraits des Manuscrits*, t. XXVI, 2e partie; Paris, 1877, in-4°.

[2] *Mémoires présentés par divers savants*, t. IX, 1re série (2e partie); Paris, 1881, in-4°.

[3] Βελοποιικά (*Mathem. vet.*, p. 71) et p. 103-104 de mon Mémoire.

[4] La note 306 (p. 264) de mon Mémoire de 1877 résume ainsi cette histoire : « M. le général Morin (*Leçons de Mécanique pratique*, p. 134-146; Paris, 1863, in-8°) attribue à Galilée les premières recherches théoriques sur cette importante question. L'hypothèse de Galilée, admise ensuite par Mariotte et Leibnitz, suppose que *toutes les fibres d'un corps fléchissant s'allongent à partir de la surface concave*. Les expériences de Duhamel (*Du transp., de la conserv. et de la force des bois*) démontrèrent, en 1767 seulement (115 ans après la mort de Galilée), la fausseté de cette hypothèse. Continuées et confirmées en 1811 par le baron Charles Dupin, elles ont prouvé en définitive que *les fibres des faces fléchissantes travaillent également, les unes à l'extension et les autres à la compression*. Or, Philon savait fort bien que la *tranche centrale de chaque section transversale de la pièce supporte le minimum de fatigue, et que ce sont les surfaces opposées* [*le dessus et le dessous*], *sur lesquelles agit perpendiculairement l'effort fléchissant, qui travaillent le plus*. Peut-être Philon ne distinguait-il pas, dans le travail de ces surfaces, l'*extension* [*en dessous*] *de la compression* [*en dessus*]. Quoi qu'il en soit, sa *théorie du battage est rigoureusement d'accord avec les idées modernes*. On peut admettre que Philon n'en fut pas l'auteur [il avoue lui-même que Ctésibius rendait élastiques de minces lames de bronze par le battage méthodique de leurs grandes faces, dont il conçut l'idée à la vue des lames d'épées espagnoles (acier de Tolède, probablement), que portaient les soldats romains]; mais on ne peut contester aux Grecs le mérite d'avoir appliqué avec réflexion, il y a vingt siècles, une théorie dont la recherche a égaré Galilée, Mariotte et Leibnitz. »

Le 2 avril dernier (1883), dans la séance publique annuelle de l'Académie des Sciences, le vénéré secrétaire perpétuel, M. J. Bertrand, glorifiait M. Charles Dupin comme auteur de la découverte ci-dessus. Rien ne prouve que l'éminent ingénieur, qui cultivait l'hellénisme et qui fit à Corfou ses expériences de 1811 sur les bois, ignorât l'existence des *Mathematici veteres* et du *Traité de Balistique* de Philon de Byzance.

[5] *Mém. cité*, p. 200 et 201 (fig. 46).

[6] *Mém. cité*, p. 201, n° 399.

[7] C. Wescher, *Poliorcétique des Grecs*, p. 104 (Paris, 1867, in-4°); et Thévenot, *Mathem. vet.*, p. 142 (Paris, 1693, in-fol.).

[8] PHILON (*Mathem. vet.*, p. 56) cite le calibre *ἡμισπίθαμος*, dont le trait mesurait $\frac{1}{2}$ empan = 6 doigts. Cf. *Mém. cité*, p. 200 (n° 397), et note 461 (p. 276).

[9] La Chirobaliste avait ainsi *deux Modules distincts* : le *module balistique*, de $\frac{2}{3}$ doigt, et le *module graphique*, de $3\frac{1}{2}$ doigts.

[10] *Mém. cité*, p. 67.

[11] *Mém. cité*, p. 134 et 135, et fig. 24 (p. 132).

[12] P. 81 (n° 120); Paris-Genève (1840, in-4°). — Dans mon premier Mémoire (n° 7, 59, 84, 237, 241 à 248, 418 à 421, et dans les *notes* correspondantes), j'ai rendu compte des remarquables expériences de feu le général Dufour, sur les lois de la *Torsion des faisceaux de fibres hélicoïdales* des *engins névrotones* antiques. Les *tables* où l'auteur a inscrit les *résultats numériques de ces expériences méritent toute confiance*, bien qu'il les ait ensuite appliqués à des *types de machines dont la véritable structure ne lui était pas connue.*

[13] 1 mine = 100 drachmes = 100 × 4gr.363 = 0kg.4363.

[14] HÉRON D'ALEXANDRIE (THÉV., *Math. vet.*, p. 142; WESCHER, *Op. cit.*, p. 113, 114, et p. 75 de mon précédent Mémoire); — PHILON DE BYZANCE, Βελοποιικά (*Math. vet.*, p. 51); — VITRUVE, *De Architectura*, lib. X (p. 290-293, édition de Schneider; Leipzig, 1807-1808, 3 vol. in-8°).

[15] *Deux poids égaux de même portée* supposent alors *même vitesse initiale et même inclinaison initiale du jet.*

[16] *Mém. cité*, p. 201.

[17] VÉGÈCE, *De Re militari*, lib. IV, XXII. — Cf. *Mém. cité*, p. 6 et 129 (note 13).

[18] *Mém. cité*, p. 165 (fig. 34) et p. 194 (fig. 35).

[19] *Mém. cité*, p. 184.

[20] *Mém. cité*, p. 182 (fig. 42) et p. 196 (fig. 45).

[21] *Mém. cité*, p. 69.

[22] *Mém. cité*, p. 86.

[23] *Id.*, *ibid.*

[24] *Mém. cité*, p. 183-184 et p. 229 (note 15).

[25] *Rer. gest.*, lib. XXV, 1.

[26] Voir plus loin, n° 34.

[27] P. 165 (n° 333, fig. 34) et p. 194 (n° 389, fig. 44).

[28] Au n° 4 de notre Notice *sur le* **Κανών** ou principe *graphique de la Statuaire grecque*, article tout prêt et agréé par la *Revue archéologique*, qui le publiera peut-être en 1884.

[29] *Mém. cité*, p. 119 (Χειροβ., I, 3).

[30] *Mém. cité*, p. 149 (Χειροβ., V, 3), et ci-après n° 32.

[31] *Mém. cité*, p. 146-149.

[32] WESCHER, *Op. cit.*, p. 133.

[33] Les figures des *Battants* (mss. 2438 et 2442) se trouvent dans mon précédent Mémoire, p. 148. La reproduction des *battants* du manuscrit de Minas (*Suppl. gr.*, 607) m'avait paru superflue; mais je dois les donner ici, pour en démontrer l'insuffisance par rapport aux *battants* des autres manuscrits.

[34] *Mém. cité*, p. 105 (n° 279), et *Math. vet.* (p. 72) : Δύναται δε μετὰ την χρείαν

εὐκόπως ἐξαιρεθεὶς ὁ τόνος ἐκ τοῦ πλινθίου τίθεσθαι εἰς ἔλυτρον ἐμβληθείς. — La figure VII (ci-après, n° 62) montre en coupe la virole rivée au faisceau des huit lames du battant, et contiguë à l'entrée du manchon conoïde.

[35] THÉVENOT, *Math. vet.*, p. 71. — Voir la traduction de cet éloge dans mon précédent Mémoire *sur la Chirobaliste*, n°s 275 et 276 (p. 102 et 103).

[36] Dans le dessin du manuscrit de Minas (fig. II, n° 26), *deux arêtes seulement représentent les Κανόνια au dehors du manchon et les réduisent ainsi à de simples broches.* Cela prouve, une fois de plus, l'autorité supérieure des manuscrits de la *Recension byzantine*, issus sans aucun doute de manuscrits, sinon plus anciens, du moins plus authentiques que celui de Minas. En prescrivant cette recension, Constantin Porphyrogénète voulut certainement sauver de précieux textes, que les archives de Byzance conservaient comme de véritables *guides officiels* pour le génie militaire, et qui allaient périr par leur antiquité même.

[37] *De Archit.*, lib. X, x (*vulgo* xv) et xi (*vulgo* xvi et xvii), t. I, p. 291-295 de l'édition Schneider, déjà citée *note* 14 de la présente Notice.

[38] Voir, p. 309 et suiv. du tome I de l'édition de Schneider, l'appendice intitulé *De Notis Mensurarum.* L'éditeur y résume les conjectures des divers commentateurs de Vitruve, sur les *valeurs probables* de ses *notations numérales*, sans en tirer aucune conclusion pratique. Dans les groupes de *points en cercles* ou *en carrés* employés par Vitruve, Schneider voit « *peculiaria Numerorum signa* », en usage chez les Romains; tandis que, selon toute probabilité, *ces signes ne servaient qu'à rendre plus nette la séparation des diverses parties des objets dont* Vitruve *donnait les dimensions distinctes.*

[39] Voir plus loin, n°s 45-67.

[40] Voir plus loin (n° 62, fig. VII) la coupe longitudinale d'un ressort-battant et de son manchon, en demi-grandeur.

[41] Dans le cercle de rayon 1, la valeur 1° = 0,0174533, et l'arc de 1' 0" = 0,0002901.

[42] P. 138 (fig. 25) et 143.

[43] Cf. *Mém. cité*, n° 305 (p. 135, note *c*), où j'ai montré que εὖρος désigne toujours la *largeur* (ou le *diamètre*) d'un *évidement.*

[44] *Mém. cité*, p. 173 (fig. 39).

[45] Voir plus haut, n° 17.

[46] *Mém. cité*, p. 129 (Χειροβ., II, ϛ̄).

CHAPITRE SECOND.

[47] Voir, dans les *Annales des Mines* (1852, 1re partie, p. 316 et suiv.), le curieux Mémoire de M. Phillips, de l'Académie des Sciences, sur *les Ressorts en acier du matériel des chemins de fer.*

[48] On verra plus loin (tableau du n° 66) que $T = 12^k,061$ et $\rho_n = 109^{mm},296$, le *millimètre* étant l'*Unité* des dimensions, à laquelle T correspond en kilogrammes.

[49] Voir plus haut note 41 (renvoi du n° 40).

[50] Héron d'Alexandrie donne aux Κωνοειδῆ ou *Manchons* d'encastrement des lames (*Chirob.*, n° 307, p. 146) une longueur totale de $3\frac{1}{3}$ doigts, et aux collets qui les terminent et qui portent les pivots une épaisseur de $\frac{1}{2}$ doigt (fig. VII). Ces collets devant être symétriques par rapport à l'axe P des pivots, cet axe doit être symétrique aux deux bases de chaque collet, soit à 3 doigts = 57 millimètres du culot du manchon.

[51] N° 237 (p. 83).

[52] *Mémoire sur l'Artillerie des anciens et sur celle du moyen âge*, p. 69-70 (Paris-Genève 1840, in-4°).

[53] Cette formule n'est qu'une application de $E = -\frac{Hm}{V} + \sqrt{2H\frac{m}{V}\left(A + \frac{H}{2}\frac{m}{V}\right)}$, donnée p. 212 (n° 416) et expliquée p. 278 (*note* 480) de mon premier Mémoire, où je la déduis des formules de l'artillerie de marine. J'y ai seulement remplacé *m* = *masse-unité* par μ, et H = 1,100,700 par H = 1,111,500, valeur plus exacte, à cause de $h = 0.0000462 = \frac{462}{10^8}$, que la *note* 480 égale à $h = \frac{2 \times 7}{3 \times 10^6}$, quantité inexacte de $1\frac{1}{3}$ p. 100.

Dufour (*Mém. cité*, p. 73) donne, pour la portée d'un engin *néorotone*, la formule $E = \frac{d^3}{4p}$, calculée sur la vitesse initiale V = 62^m.80, où *d* exprime en *centimètres* le *diamètre* du τόνος (*faisceau néorotone*) de l'engin, et *p* le *poids* du projectile en *kilogrammes*. On a vu (n° 8) que l'ancêtre σπιθαμαῖον de la *Chirobaliste* avait $d = \frac{4}{3}$ doigt = 2.5333 *centimètres*, avec $p = 0.009$ *kilogramme*. Il viendrait alors $E = \frac{(2.5333)^3}{0.036} = 449^m.23$, soit 450 mètres. Sans doute, cette portée se rapproche des 440 mètres ou $2\frac{1}{3}$ stades que Dufour (p. 74-75) donne, d'après Josèphe (V, 18), pour les balistes de Titus au siège de Jérusalem, tandis que l'historien juif leur assigne seulement *deux stades et plus* (passage cité, *Chirob.*, note 484, p. 278), ainsi que Dufour (*Mém. cité*, p. 70) l'avait d'abord constaté, en prenant V = 62^m.80 pour vitesse initiale. Mais cette vitesse initiale ne peut être considérée comme exacte; car, dans le vide et sous l'angle de tir de 45°, elle ne produirait que $E = \frac{V^2}{g} = 0.102\,(62.80)^2 = 402^m.27$ de portée. La *Chirobaliste* se joint donc aux engins de Titus, par la portée de 450 mètres ci-dessus, en réfutation des calculs de Dufour. J'ai d'ailleurs déjà signalé (Chirob., n° 244, p. 85) les erreurs commises par le savant officier suisse, dans son Mémoire précité, lorsqu'il assimile à l'εὐθύτονον l'engin παλίντονον, *en logeant les battants des deux engins en arrière de la cage*, sous forme d'*arcs divergents*, et lorsqu'il *applique à faux les données métriques* de Philon de Byzance (Chirob., note 263, p. 257). Voilà pourquoi je laisserai de côté sa formule $E = \frac{d^3}{4p}$ de la portée du jet. Les recherches du général Dufour sur la Balistique ancienne n'ont guère de valeur que par la relation expérimentale qu'il a trouvée entre l'*angle de torsion du* Τόνος *antique* et l'*effort appliqué à l'extrémité du battant pour produire cette torsion.*

[54] Les vitesses de 65 mètres, que le calcul trouve pour le Παλίντονον et pour l'Εὐθύτονον, restitués dans leur battement et sous leurs dimensions véritables, correspondent à 405 mètres de *portée* dans le *vide*, et à 382 mètres dans l'air. (Cf. Chirob., p. 83.)

LA CHIROBALISTE D'HÉRON D'ALEXANDRIE. — APPENDICE.

[55] Le compte rendu de la conférence faite à l'*Association scientifique* le 23 janvier 1879, par mon vénéré maître M. E. Egger, mentionne le fait curieux suivant (*Revue politique et littéraire*, 15 février 1879, p. 774), relatif à l'essai du tir de la *Chirobaliste* par son habile constructeur M. Albert Piat. « La Chirobaliste, à peine ajustée, dit l'éminent professeur, subit l'essai d'un premier tir. A quelques mètres de distance, un crayon, placé dans la cannelure de l'instrument, perça de part en part un paletot suspendu au mur. A cette vue, l'un des ouvriers, qu'avait dirigés et passionnés pour son œuvre M. Prou, s'écriait : *Dire que voilà la première flèche que cette machine lance depuis deux mille ans!* »

[56] Voir plus haut, n°s 8 et 9 et notes 9, 10 et 11, sur les modules *balistique* et *graphique* de l'engin d'Héron.

[57] *Bibliothèque historique*, I, 97, § 6.

[58] L'article réservé pour la *Revue archéologique* fera connaître les noms et les opinions des divers auteurs qui ont traité des idées ci-dessus.

[59] Savoir : 1° *Membres* proprement dits : 1 tête, — 1 cou, — 1 torse, — 2 bras, — 2 mains, — 2 jambes, — 2 pieds; ensemble, *11 membres*.

2° *Organes fixes ou peu mobiles* : 2 yeux, — 2 oreilles, — 1 nez, — 1 bouche, — 2 mamelles, — 2 fesses; — ensemble, 10 *organes*.

[60] VITRUVE, *Op. cit.*, lib. III, cap. 1, § 5 (p. 71, t. I, édit. Schneider), dit : « . . . perfectum numerum, quem Græci τέλειον dicunt. Perfectum autem antiqui instituerunt numerum, qui *decem* dicitur, nam ex manibus *denarius* digitorum numerus; ex digitis vero *palmus* et *ab palmo pes* est inventus. . . etiam Platoni placuit cum esse numerum ea re *perfectum*. » — Le Vitruve de Valentin Rose, cité plus haut (notes 37 et 38), donne, d'après les mss. E. G. H. (décrits p. XI de sa préface) : « namque ex manibus digitorum numero ab palmo pes est inventus. » — L'édition de V. Rose diffère, d'ailleurs, en beaucoup d'endroits, de celle de Schneider.

[61] Cf. VITRUVE, *De Archit.*, II, 3, § 4, sur les dimensions des matériaux de construction : δῶρον (*palme*), unité de longueur primitive; — πεντάδωρα (5 *palmes*), briques pour les édifices publics; — τετράδωρα (4 *palmes*), briques pour les habitations privées; — ὀρθόδωρον (1 empan, σπιθαμή), brique cubique de 12 doigts de côté.

[62] *Op. cit.*, III, 1, § 2 (t. I, p. 70, édit. de Schneider), sur les dimensions des membres, dont Vitruve cite les principaux, en ajoutant : « *Reliqua* quoque *membra* suos habent *commensus proportionis*, quibus etiam antiqui pictores et statuarii nobiles usi, magnas et infinitas laudes sunt asseculi. » *Commensus* est cité dix fois dans Vitruve, et *symmetria* quatre-vingt-trois fois; ces deux mots y indiquent, le premier des *dimensions partielles*, le second des *proportions d'ensemble*. (Cf. H. Nohl, *Index Vitruvianus*, Lipsiæ, 1876, in-8°, aux deux mots ci-dessus, p. 23 et 140.)

[63] Voir l'épure en demi-grandeur de l'engin, à la fin du tome XXVI, 2° partie, des *Notices et extraits des Manuscrits* (Paris, 1877).

INDEX ALPHABÉTIQUE.

Les GROS CHIFFRES renvoient aux numéros du texte de l'Appendice. — Les gros chiffres entre parenthèses renvoient aux annotations de la Χειροβαλλίστρα (p. 116 à 149 du tome XXVI, 2ᵉ partie, des *Notices et extraits des Manuscrits*).

Les PETITS CHIFFRES renvoient aux notes courantes, à la fin du présent Appendice, p. 490 et suiv.

D Δ

E

F

G

H

I

K

L

M

N

O

P, Π

R

S Σ

LÉGENDES DES FIGURES.

TABLE DES MATIÈRES.

www.ingramcontent.com/pod-product-compliance
Lightning Source LLC
LaVergne TN
LVHW020043170826
845678LV00001B/398
9782329690964